U0244271

浙江省哲学社会科学规划后期资助课题"环境规制的波特效应研究：理论与中国实践"（22HQZZ20YB）

规制政策的波特效应研究：
理论与中国实践

王 海 著

中国财经出版传媒集团

经济科学出版社
Economic Science Press

图书在版编目（CIP）数据

规制政策的波特效应研究：理论与中国实践/王海
著 . -- 北京：经济科学出版社，2022.6
ISBN 978 - 7 - 5218 - 3786 - 5

Ⅰ.①规…　Ⅱ.①王…　Ⅲ.①环境政策 - 研究 - 中国
Ⅳ.①X - 012

中国版本图书馆 CIP 数据核字（2022）第 106554 号

责任编辑：杜　鹏　张立莉　常家凤
责任校对：齐　杰
责任印制：邱　天

规制政策的波特效应研究：理论与中国实践
王　海　著
经济科学出版社出版、发行　新华书店经销
社址：北京市海淀区阜成路甲 28 号　邮编：100142
总编部电话：010 - 88191217　发行部电话：010 - 88191522
网址：www. esp. com. cn
电子邮箱：esp@ esp. com. cn
天猫网店：经济科学出版社旗舰店
网址：http：//jjkxcbs. tmall. com
固安华明印业有限公司印装
710 × 1000　16 开　17 印张　280000 字
2022 年 6 月第 1 版　2022 年 6 月第 1 次印刷
ISBN 978 - 7 - 5218 - 3786 - 5　定价：89. 00 元
（图书出现印装问题，本社负责调换。电话：010 - 88191510）
（版权所有　侵权必究　打击盗版　举报热线：010 - 88191661
QQ：2242791300　营销中心电话：010 - 88191537
电子邮箱：dbts@ esp. com. cn）

前　　言

  基于推动构建人类命运共同体的责任担当和实现可持续发展的内在要求，习近平总书记指出，中国将采取更加有力的政策和措施，二氧化碳排放力争于 2030 年前达到峰值，努力争取 2060 年前实现碳中和。这对中国环境保护工作提出了更高要求。随后，生态环境部强调要切实把实现国家目标转化为地方、部门和行业的实际行动，并将在这一过程中强化监督考核。考虑到地方政府在控制环境污染的同时，也需兼顾企业发展等问题。协调好环境保护与企业发展间的关系已经成为助推中国经济高质量发展的关键议题。

  传统理论认为，环境规制会提高企业遵循成本，进而抑制企业创新发展。但波特（Porter，1991）研究发现，严格且适宜的环境规制能够激励企业发展，并使其积极采用新的生产技术组合，继而提高企业竞争力，以至于可以完全抵消环境规制的成本，即波特效应。波特效应假说的出现为研究和解决"要环境还是要发展"的问题提供了全新的视角。对当下中国而言，探究如何有效触发波特效应具有学术的重要性和现实的迫切性。只有深入了解规制政策影响企业发展的内部机理，才能够扬长避短，有效规避环境规制的挤出影响，实现"绿水青山"和"金山银山"兼得的双赢局面。

  为此，本书对我国环境规制的研究文献和特征事实进行较为全面的梳理，明晰不同时期的规制政策导向，提炼习近平生态文明思想的中国实践特征。进而在选取典型规制政策的基础上，定量评估不同政策的差异影响，并从多重维度检验了环境规制的影响特征。在此基础上，依托新能源汽车等绿色产业相关数据，本书还运用政策文本计量等方式进一步探索了不同政策类型和不同政策组合的差异影响，以期为中国规制政策设计及执行提供有益参考。

根据上述研究思路，本书共分为10章。第1章为引言，第2章对波特效应的理论演绎进行了梳理，重在提出波特效应理论的发展近况及其仍有待解决的问题。第3章从命令控制型规制政策入手展开分析，着重研究了以两控区、"十一五"规划等为代表的命令控制型规制政策对企业发展的影响，并思考政绩导向转变所会造成的影响。第4～6章主要研究市场激励型规制政策的影响，分别从排污权交易机制和排污费/环保税政策等展开研究，并探究上述政策影响的形成机理。第7章以驻地迁移为例，研究了临时性规制政策的影响特征。第8～9章主要以绿色产业为例，利用政策文本计量的方式，初步回答了何种政策更为妥当，哪种政策组合更为有效等问题。第10章通过对比上述不同政策的差异影响，从规制独立性视角提供解释，并就中国规制政策体系改革提出相应政策建议。

目　录

第 1 章

导　论

　　基于推动构建人类命运共同体的责任担当和实现可持续发展的内在要求，习近平总书记指出，中国将采取更加有力的政策和措施，二氧化碳排放力争于 2030 年前达到峰值，努力争取 2060 年前实现碳中和。这对中国环境保护工作提出了更高要求。随后，国务院副总理韩正强调要紧扣目标分解任务，加强顶层设计，指导和督促地方及重点领域、行业、企业科学设置目标。生态环境部强调要切实把实现国家目标转化为地方、部门和行业的实际行动，并将在这一过程中强化监督考核。考虑到地方政府在控制环境污染的同时，也需兼顾企业发展等问题。"要发展还是要环境"已经成为中国政府难以回避的难题之一。

　　有研究发现，严格且适宜的环境规制能够激励企业发展和采用新的生产技术组合，继而提高企业的生产率和竞争力，甚至完全抵消了环境规制的成本，即波特效应（Porter hypothesis）（Porter，1991；Porter and Van der Linde，1995；涂正革和谌仁俊，2015）。波特效应若能实现，环境与发展间的"取舍"难题也将迎刃而解。探寻环境规制如何影响企业发展具有重要的理论价值与实践意义。党的十九大报告指出，要统筹推进生态文明建设、可持续发展战略，特别是要坚决打好污染防治的攻坚战。在政策层面，中共中央、国务院出台了《关于加快推进生态文明建设的意见》《生态文明体制改革总体方案》等以丰富生态文明建设的长远部署与制度架构，颁布了《中华人民共和国环境保护法》《中华人民共和国大气污染防治法》等法规贯彻落实绿色发展理念。环保部原党组书记、部长李干杰于 2017 年 6 月在南京表示，抓环保就是在抓可持续发展，适当的环境规制可以促使企业加强创新活动。强调要打破简单地把发展与保护对立起来的思维束缚，指明实现发展和保护内在统一、相互促进和协调共生的方法论。

环境规制具有实现波特效应的可能。在实践上，济南市政府借力环境治理实现工业发展新旧动能的换道转档。2017年上半年，济南市经济同比增速达8.3%[①]。河南省郑州市、新密市等地区借势环保督察，全面实现产业结构转型，经济向好态势明显。然而，环境规制也会提高企业遵循成本，降低企业利润，产生挤出效应（Jaffe et al.，2002）。有媒体指出，环保过后，企业面临的是生存压力，民众面临的是生计压力。环保整治给无数企业带来了巨大冲击，甚至出现企业拒绝检查，假停产等违法现象。总体上，环境规制对企业发展的影响存在双向作用力，规制政策实施效果取决于挤出效应与波特效应的对比。因此，如何扬长避短，有效触发波特效应成为政策制定者的一大难题。波特效应能否实现关系到生态文明建设与创新驱动战略能否同步实现。

在环境规制渐趋严格的形势下，如何实现环境规制与企业发展的双赢备受关注。一方面，中国依旧是世界上最大的发展中国家，区域经济发展面临较大压力；另一方面，切实改善地区环境质量、实现经济可持续发展对于当前中国尤显必要。波特效应若能实现，中国当前经济发展的困境自然随之破解。但问题的关键在于，波特效应理论是否适用于中国？从现有研究来看，环境规制的波特效应发挥存在很高的不确定性，已有研究结论也莫衷一是（王海和尹俊雅，2016），该现象的背后存在多种原因。本书将对此进行系统的研究，试图明晰不同规制政策对企业发展的差异影响，并据此给出可能的解释，以期为实现"绿水青山"和"金山银山"兼得的局面提供建议。本章从选题背景出发，阐述研究的必要性及其意义，并给出研究方法、研究内容及整体框架。

---

① 接引自中华人民共和国生态环境部：https://www.mee.gov.cn/gkml/sthjbgw/qt/201710/t20171011_423260.htm。

1.1 选题背景与研究意义

1.1.1 选题背景

改革开放以来，中国经济一直保持着稳定增长态势。2015 年，中国 GDP 总量已达 10.4 万亿美元[①]，仅次于美国成为世界第二大经济体。在为中国经济增长欢呼的同时，环境恶化等问题也不容忽视。从 2014 年相关数据可以看出，雾霾、PM2.5 逐步成为年度关键词，且中国环境问题远不止于此。地区污染排放严重超标、突发环境事件屡见不鲜。如 2014 年的茂名市白沙河公馆污染案、2015 年的河北省邢台市新河县城区地下水污染事件等。这些环境事件大幅度降低了居民的生活幸福感。

为缓解这些问题，中国政府出台了大量环境规制政策，但从美国相应的政策实践来看，环境规制可能会抑制企业竞争力。主要表现为 1970 年地球日伊始，美国政府便开启了新一轮的环保革命。与此同时，美国对外贸易出现了长期的贸易逆差（Jaffe et al.，1995）。对于这两者之间的关联，学者进行了广泛的探讨，并由此引发了有关环境规制与经济发展取舍的争论。部分学者认为，环境规制会加大企业运营成本，抑制生产率增长（Jaffe et al.，1995）。然而，这一观点可能并不准确。波特（Porter，1991）基于案例分析发现，污染是经济上浪费的外在体现，与资源的不必要、不充分利用存在很大关联。降低污染与增强企业能力、提高其生产率存在一致性。在此基础上，波特效应理论"应运而生"，即严格且适宜的环境规制能够激励企业发展和采用新的生产技术组合，从而提高企业的生产率和竞争力，以至于完全抵消了环境规制的成本（Porter，1991；Porter and Van der Linde，1995）。这一发现说明环境规制与企业发展存在双赢

---

① 援引自中国日报网：https://china.chinadaily.com.cn/theory/2016 - 03/29/content_24150 917.htm。

（win-win）的可能。也就是说，环境规制可能不仅有利于污染治理，对企业自身发展也能起到积极作用，相关研究结论的可信性尚存疑虑，但此观点却迎合了政策制定者以及大众媒体的偏好（Gore，1992；Simpson and Bradford，1996），在后续环境规制政策的制定上具备很高的指导意义。

但是如何准确把握"严格且适宜"亦是一大难题。若环境规制过于严格，可能会导致企业大面积"死亡"，不利于地区经济可持续发展；但若过于宽松，规制政策实施意义可能并不大，空费人力。从中国当前政策实践来看，基于波特效应的研究结论依旧莫衷一是。这一方面是因为环境规制的衡量标准难以统一，现有研究主要以环境规制政策、治污投资比重、治污设施运行费用、人均收入水平、规制机构检查监督次数以及污染排放量等指标作为环境规制的代理变量（张成等，2011）。虽然具体问题具体分析，但与环境规制政策本身相比，这些指标的精确性难以保障（李树和陈刚，2013）。另一方面可能是因为现有研究忽视了政策执行力的影响。由于环境规制会增加企业遵循成本，不利于企业利润的提升，此时，地方政府有维护辖区内企业的动机，致使环境规制政策执行效果不佳。

总体上，在"中国新一轮改革"的大背景下，切实把握好规制政策体系重构，不仅有利于环境整治，还将给企业发展带来新的契机。作为激励企业发展的重要途径，如何将这一作用发挥出来成为政策制定者不得不关心的核心问题。因此，就环境规制政策的效果进行全面细致的剖析研究很有必要。不同于现有文献，为了提升研究的实践意义，本书以相关规制政策作为环境规制的代理变量，探索何种规制政策能够有效地促进企业发展，并进一步研究哪些因素会加剧或削弱这一影响。明确规制政策效果及其影响因素能在解决环境问题的同时，助力中国经济可持续发展。因此，本书的研究具备一定的理论意义和实践价值。

1.1.2 研究目的和意义

本书以不同类型的规制政策作为切入点，在考量环境规制对企业发展的正负效应的基础上，系统分析了两控区、"十一五"规划等命令控制型环境规制政策，以排污费征收、排污权交易机制等为代表的市场激励型环境规制政策以及一些临时性环境规制政策对企业发展的影响。此外，本书还引入了一系列交互项探索哪些因素会干预规制政策的波特效应发挥，并从政策选择和政策组合视角展开讨论，以期为中国经济可持续发展建言献策。具体而言，本书的研究存在以下指导意义。

首先，本书系统地梳理了波特效应理论的相关文献，加深了对波特效应理论的认识，以便在环境规制政策设计时兼顾到企业发展。环境规制对企业发展造成何种影响一直是学术界和社会关注的焦点，尤其在环境问题日益凸显的今天，如何把握好环境与发展之间的平衡点十分重要。环境规制为何能影响企业发展，其作用机制如何也将是本书关注的重点。同时，本书也思考现有文献的研究脉络和可能存在的不足之处，并据此提出进一步的研究方向和建议，后文也将按此构思进行研究。

其次，本书丰富了关于环境规制政策工具选择的研究文献。虽然已有研究对环境规制能否激励企业发展进行了多方位的研究，但对相应规制政策的研究仍不够深入。本书则将命令控制型、市场激励型以及临时性环境规制政策进行比较分析，探究不同政策对企业创新造成的差异影响。其中，第 3 章重在思考命令控制型环境规制政策的波特效应发挥，并在此基础上探究地方政府干预行为所产生的影响，从而使得研究结论更为符合中国国情，契合当下经济发展路径。第 4 章、第 5 章、第 6 章则从市场激励型环境规制政策手段切入，探索政策影响特征，并据此给出研究建议。第 7 章着重关注临时性规制政策的冲击。为进一步明确如何更好地发挥规制政策效果，本书还将从政策选择和政策组合双重视角切入，明确何种政策实施策略更利于促进企业发展（见第 8 章、第 9 章）。第 10 章将从独立性缺失视角为不同政策的差异影响提供解释，并总结全书给出政策建议。

再次，不同类型的环境规制政策会造成差异影响，哪种政策能真正起效才应是政府关注的重点。就本书的研究而言，与市场激励型政策相比，命令控制型政策能够有效地促进企业全要素生产率（TFP）提升。对此，普遍的认识是通过市场化改革来改善政策效果。虽然创新因其不可预估的原因，致使政府干预或多或少地抑制了企业发展，但也应当承认，市场化改革并非一朝一夕可以达成，仍需要时间的积累。与其如此，不如去思考在中国现行市场化程度下，如何进一步改善企业发展环境，促进企业发展。或许"不管白猫黑猫，抓到老鼠就是好猫"仍是当下经济社会发展问题中所应关注的重点，对地方政府干预也应看到其积极的一面。本书认为，中国经济发展中诸多问题的解决路径之一在于更好地完善地方官员的激励机制。

最后，本书重点关注了一系列交互项，并由此发现，为实现环境规制与企业发展的双赢，地区经济发展状况也应加以考虑。从环境规制政策的实施路径来看，大致呈现"中央规制政策设计—地方政府干预—企业动态反馈"的传导机制。虽然学者普遍将视角集中于环境规制政策本身，但地方政府的干预影响也不应忽视。若环境规制目标与地方官员行为激励不相符，规制政策可能会呈现"非完全执行"的态势。这点也在后文测算出的实际排污费征收率中得以体现。

1.2　内容安排

总体来说，本书共分为 10 个部分对环境规制与企业发展间的关系进行阐述，并思考经验证据背后的政策启示。由此明确，中国应该出台什么样的规制政策、如何确保环境规制有利于企业发展，进而有效触发波特效应？全书的主要内容及结构安排如下。

第 1 章主要交代本书为什么关注环境规制的波特效应发挥。对处于转型期的中国而言，环境保护与企业发展都需注重。与传统观点认为两者之间相互取舍不同，波特（1991）认为，环境规制存在激励企业发展的可能，即存在"绿水青山"与"金山银山"兼得的可能。本书则基于这一理论基础，提炼选题意义和边际贡献之所在。一方面，为反思原有规制政策效果提供经验支撑；另一方面，也为环境规制政策的改革方向建言献策。与此同时，本章也对全书的研究思路和潜在创新点略做介绍。

第 2 章对波特效应理论的发展脉络进行梳理，重在提出波特效应理论的发展近况与其仍有待解决的问题。并由此认为，环境治理已经成为中国转型与改革过程中无法回避的重要问题，如何既要"金山银山"，也要"绿水青山"，达到环境规制与企业发展的双赢，实现波特效应仍有待于理论研究支持。这是因为，一方面，环境规制会加大企业的遵循成本，造成挤出效应；另一方面，环境规制可能会引领或"倒逼"企业发展，即波特效应。规制政策的实施效果取决于挤出效应和波特效应的对比。这种对比的结果与环境规制政策设计存在很大关联。本书将以不同类型的规制政策作为切入口，思考如何让环境规制有利于企业创新。具体将对波特效应的相应观点和后续理论发展进行梳理，综合评述我国已有研究中的特点与不足，并给出下一步的拓展方向。科学地评估环境规制与企业发展间的关系，不仅有利于环境政策的完善实施，还能为我国下一步的政策体系重构建言献策。

第 3 章重在分析以两控区、"十一五"规划为代表的命令控制型环境规制政策对企业 TFP 的影响，并思考政绩导向转变将会造成的差异变化。本书发现，在"两控区"政策实施的背景下，政绩导向的转变有利于实现环境规制与企业发展的双赢。在此基础上，本章进一步探索了地方政府执政效率等因素在波特效应发挥中所扮演的角色。基准研究结论也在后续的"十一五"规划影响评估中得以证实。总体上，本章研究发现，命令控制型环境规制政策具备激励企业创新的可能，把握好地方官员的行为激励可能有所成效。

第 4 章着重研究排污权交易机制的影响，作为利用经济激励手段治理环境污染的主要政策工具之一，排污权交易机制对企业发展存在显著影响。但针对排污权交易机制如何影响企业利润的研究仍较为匮乏。本章在收集整理排污权交易机制试点城市的基础上，结合中国工业企业数据库，探索排污权交易机制对企业利润的影响是呈现波特效应还是挤出效应。研究发现，排污权交易机制对企业利润提升存在显著正向影响。进一步分析发现，排污权交易机制在促使企业降低劳动力使用量的同时，加大了企业资本投资额度。

第 5 章在测算地区排污费征收力度的基础上，运用中国工业企业数据库，实证分析了排污费征收力度与企业 TFP 间的关系。结果表明，排污费征收力度的加大对企业 TFP 产生负向影响，呈现挤出效应，开征环保税可能不利于企业 TFP 的提升。进一步分析发现，上述影响在小城市及非政策关注地区表现更为明显。地方环境法规出台及公众诉求有助于修正这一负向影响。因此，修正地方政府决策偏离，避免环保工作"一刀切"，对实现环境保护与经济发展的"双赢"局面具有重要意义。

第 6 章着重关注排污费征收对企业退出行为的影响。本书在收集、整理各地区污染排放及排污费征收总额数据的基础上，对各省份的有效排污费征收率进行了测算。在此基础上，探究有效排污费征收率与企业退出行为之间的关系。研究表明，随着有效排污费征收率的提高，企业经营有改善的趋势，表现为退出市场的概率有所降低。进一步分析发现，这一影响在国有企业中表现更为明显。由此认为，排污费征收将有助于改善国有企业经营理念，对国有企业发展较为有利。

第 7 章则关注一些临时性政策的影响，具体以地方政府的驻地迁移为例来展开研究，作为改变辖区空间布局的重要政府行为，政府驻地迁移有助于提高地区资源配置效率，但其对企业发展的影响尚不可知。基于此，本书在收集、整理中国地级市政府驻地迁移批示时间的基础上，结合中国工业企业数据库，实证检验政府驻地迁移的影响特征。研究发现，政府驻地迁移显著促进了企业 TFP 的提升，且这一影响与迁移距离存在正向关联。进一步分析发现，政府驻地迁移具有一定"扶弱"倾向，在不利于高资本密集度、高补贴力度型企业发展的同时，有助于提升非国有企业的TFP。本章研究结论在为地方政府驻地迁移管理提供参考的同时，也为理解政府在地区经济发展过程中所扮演的角色提供了一个新视角。

第 8 章从产业政策的选择视角展开研究。新能源汽车是地方政府实现绿色转型、触发波特效应的重要抓手，本章基于我国产业政策存在"中央产业政策—地方产业政策"的现实，着重考察了地方不同类别产业政策对行业创新的作用。本章手工收集整理了中国省级层面新能源汽车产业政策的文本数据，利用政策用词识别、量化政策类型和政策效力，实证考察了地方产业政策对新能源汽车行业创新发展的影响。特别地，本章检验了供给型、需求型和环境型产业政策的差异影响，并对会加强或削弱地方产业政策效果的因素进行了深入分析。研究发现，就全国整体而言，地方产业政策能够有效激励新能源汽车行业的创新发展。与供给型、需求型政策相比，以目标规划、金融支持、法规规范和产权保护等为代表的环境型政策更为有效。考虑变量衡量误差和内生性等问题后，研究结论依然成立。与政府补贴、税收优惠相比，地方产业政策主要通过强化市场竞争和降低企业融资约束达成促进行业创新的目的。本章研究在丰富了产业政策研究文献的同时，也为中国制定和实施产业政策提供了新的思路。

第 9 章则从政策组合视角展开研究。本章利用战略性新兴产业政策文本和上市公司相关数据探究相关政策实施对企业创新的影响，以期为波特效应的实现提供借鉴。研究发现，与其他协同路径相比，总体政策下的供给型、环境型政策协同更有利于企业创新。在替换创新指标和将年度数据改为季度数据后，研究结论依旧稳健。本书丰富了战略性新兴产业方面的文献，也有助于明晰规制政策的制定路线及其可能引发的后果。

第 10 章主要思考为何不同规制政策产生迥异的影响效果，并据此给出相应政策建议。

1.3　潜在创新空间

如何既要"绿水青山"又要"金山银山"已经成为中国经济发展的当务之急。波特（1991）研究认为，严格且适宜的环境规制能够激励企业发展和采用新的生产技术组合，继而提高企业的竞争力，以至于完全抵消环境规制的成本，即波特效应。结合当前中国的实际经济发展情况，本书重在研究环境规制政策对企业发展的影响，可能主要具有以下几个方面的创新。

第一，本书以不同规制政策对中国式环境规制进行衡量，补充并丰富了环境规制的识别方式。对环境规制的可靠衡量是判断环境规制政策是否有效的重要前提。但现有文献中关于环境规制的识别主要采用治污投资比重、治污设施运行费用、人均收入水平、规制机构检查监督次数以及污染排放量等指标，以上衡量方式主要存在两方面的不足：一方面，该类指标的精确性难以保障（李树和陈刚，2013）；另一方面，现有研究对企业发展过程中地方政府执行力的影响有所忽略。考虑到地方政府有维护辖区内企业的倾向，这就导致环境规制的度量指标可能"有失偏颇"。本书采用规制政策作为环境规制的指代变量，在模型估计中充分考虑了可能存在的双向因果联系，在缓解了模型内生性问题的基础上，系统分析了命令控制型、市场激励型以及临时性环境规制政策对于企业发展的不同影响，本书的衡量方式可以在一定程度上弥补以往文献在识别方式上的可能不足。

第二，本书从地方官员的异质性出发进行研究，为解释环境规制政策产生差异影响效果提供了新的解释视角，丰富了相关研究文献。本书重点分析了地方官员异质性在环境规制政策执行过程中的重要作用，逐步探讨了地方政府的影响特征，分析发现，中国环境规制能否实现波特效应与地方官员存在关联。本书认为，将地方政府的环保激励做好、做对可能才是中国下一步改革的重点。在转型国家中，鉴于诸多制度体系尚不完善，若政策目标与地方官员行为激励不相符，则可能引发政策执行不足的困境。因此，环境规制政策制定及实施过程中对于地方政府作用的考虑尤显必要。

第三，本书创新性地从规制独立性缺失视角为中国规制政策呈现差异效果提供解释。并认为，为有效触发波特效应，一个可行的做法是加强规制部门的独立性。换言之，将地区环境保护责任交付于规制部门，规制部门独立于地方政府，不受地方政府管辖，并以环保绩效作为规制部门政绩考核的主要依据。这样将有利于确保环境规制政策的顺利落实，进而倒逼企业发展。当然，在具体推行过程中，我们也需切实打好政策组合拳。

第四，为明确如何更好发挥政策效果，本书进一步从产业政策选择和产业政策组合的双重视角切入，结合新能源汽车等绿色创新发展领域，实证检验何种政策出台方式更有利于促进产业绿色发展，进而为产业政策的组合实施策略提供路径选择。一方面，本书发现，环境型政策更有利于促进产业绿色发展；另一方面，研究表明，总体政策下供给型、环境型政策协同更有利于企业创新发展，更易于触发波特效应。相关研究结论也为我国规制政策实施提供了有益借鉴。

第 2 章

波特效应理论研究动态：
理论进展与中国实践

　　不同于 1978 年的改革开放，2013 年开启的"中国新一轮改革"面临着严重的生态环境挑战。从环境规制政策的演变路线来看，我国环境政策逐步完成了由无到有、由初设到完善的变迁（王海和尹俊雅，2016）。如何实现环境规制与企业发展间的双赢，既要"绿水青山"又要"金山银山"业已成为当前"中国新一轮改革"无法回避的重点问题之一。梳理文献发现，学术界对于环境规制的影响存在两种不同的认识：一方面，环境规制可能引致挤出效应，环境规制将增加企业的额外生产成本，致使企业利润降低，进而制约地区经济可持续发展；另一方面，环境规制或将触发波特效应，严格且适宜的环境规制能够激励企业采用新的生产技术组合，继而提高企业的生产率和竞争力，以至于完全抵消了环境规制的成本（Porter，1991）。总体来看，环境规制对企业的影响存在双向作用力，规制政策的实施效果取决于挤出效应与波特效应的对比。然而，与挤出效应相比，现有文献关于波特效应的研究仍不够透彻，研究结论莫衷一是。基于中国现实需求的考虑，综合当下经济社会发展环境，本章在王海和尹俊雅（2016）研究的基础上，从文献角度分析环境规制政策如何影响企业创新，以期为中国下一步的政策改革提供建议。本章主要对已有文献进行梳理，综合把握现有研究脉络，以期夯实理论基础。

2.1　环境规制的理想效果：波特效应的理论基础

2.1.1　环境规制影响企业创新的理论渊源

中国作为社会主义国家，也是世界上最大的发展中国家。较之西方国家，中国不仅在行政体系上有所差别，在经济基础、文化理念上也不尽相同。因此，从政策指导意义上来说，基于波特效应的中国实践研究将有助于明晰当前环境政策的制定路线及其可能引发的后果，同时也将有利于中国实现"金山银山"与"绿水青山"兼得的双赢局面。但问题的关键在于，环境规制何以影响企业创新？从波特效应的作用逻辑来看，理论上，波特效应主要存在两种实现路径：其一是严格的环境规制会给企业带来提升生产效率的压力，这种压力能够激励企业改善自身运营状况，进而通过企业自身进步为其发展注入活力；其二是环境规制能促进企业创新（Porter and Van der Linde，1995），该作用重在强调发挥企业自主创新的积极性，使其具备"造血"功能，在根源上缓解环境问题，并使企业获得长足发展。基于波特（1991）的研究，以上所述的正向作用足以抵消企业的遵循成本，可以很好地调和环境规制与企业创新之间的矛盾关系，以创新促发展，进而提升企业的竞争力（见图 2 – 1）。

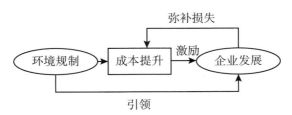

图 2 – 1　环境规制如何影响企业发展

此外，波特（1991）还发现，长期可持续的经济增长不能只依靠生产要素，需要更多地考虑需求条件、相关产业、支持产业状况以及企业的战略、结构、竞争对手的表现。在这一过程中，政府可以通过"胡萝卜＋大棒"的政策形式来激励企业发展。沿承这一思路，波特和范德林德（Porter and Van der Linde，1995）认为，政府可以通过环境规制来促进企业创新发展。随后，这一理念引起了经济学界的广泛争议。通常来说，环境规制会提高企业的运行成本，提高行业的进入壁垒，成本和壁垒的提高必然阻碍企业发展，因此，将不利于企业技术进步。即便波特和范德林德（Porter and Van der Linde，1995）之举堪称"另辟蹊径"，但由于其证明过程中更多依赖案例分析的方式，而案例的选取以及结论的提炼明显缺乏客观性和严谨性，因而研究成果也难以令人信服。这种典型的"大棒"型政策能否实现正向激励效果仍然存在疑问。

此后，在波特（1991）的理论基础上，针对环境规制的讨论也层出不穷。其中，布兰隆德和伦德格伦（Brännlund and Lundgren，2009）总结认为，为实现波特效应，规制体系应具有以下属性。首先，该种规制应当能够发挥一种信号作用，促使企业认识到自身效率与技术的改进空间，使其明晰自身发展优势；其次，其应有利于提升企业的环保意识，并且这一意识的形成既应有利于社会福利的改善，也应对企业自身的长远利益有所裨益；再次，环境规制应当能够降低企业投资的不确定性，点明未来技术发展的方向；最后，该种规制也应提升民众环保意识，并最终体现在消费者偏好等层面上。鉴于这些作用在现实中能否实现尚存疑问，对于波特效应的理论争议也是层出不穷，越发多元化。

2.1.2 环境规制影响企业创新的学术纷争

首先，对波特效应理论中涉及的政府信息优势存在质疑。从波特效应的作用逻辑来看，政府应当比企业具备更好的信息优势来达成信号作用。但就信息体系而言，政府很难在识别企业生产过程中无效率行为的同时，还对其进行指正，事实上，政府在该种信息识别中往往顾此失彼，难以具备全面的信息优势。其次，市场是否存在易得机遇（low hanging fruit）也存在疑问。作为经济主体，企业应当会比政府对未来的市场更为敏感，不应当忽视了潜在的发展机遇。企业"惜遇如金"，但市场中这种机遇的存在性却难以得到保障。鉴于这种不确定性，作为市场主体的企业通常难以准确把握发展机遇，政府作为市场敏感性稍弱的部门，更是难以在市场发展中发挥极好的信号作用。最后，在波特（1991）的观点中，为了获得竞争优势，势必需要形成产业集群。但这一集聚行为本身可能因外在因素干扰而难以实现。不仅如此，割裂地将政府作为压力的实施主体，这一思路也存在问题（Brännlund and Lundgren，2009；Palmer et al.，1995）。对此，一种观点认为，企业管理者会因自身因素忽视了一些发展机遇，环境政策能够起到"提醒"（open the eyes）的作用，进而有利于企业在面对复杂的市场环境时，适时且适当地抓住发展机遇，促进自身发展；也有观点认为，施行较为严格的环境规制有利于企业把握清洁技术层面的先动优势，从而在后续竞争中在技术上占据领先地位（Xepapadeas and Zeeuw，1999）。

此外，政府往往难以及时识别企业的生产无效率，可能导致政府信息优势缺失，从而对波特效应中所提倡的政府作用发挥造成一定的冲击。而对于企业发展过程中出现无效率状态的一个可能解释是企业管理者的理性决策发生偏离，而环境规制对解决企业生产无效率问题，弥补政府信息优势缺失具有重要作用。具体可分为以下几种。

（1）管理者可能存在时间偏好。通常而言，管理者并不会拥有完备的能力去管理自身行为，容易在多目标计划中造成冲突现象。这种"有限意志"导致管理者的时间偏好并不一致。在乔杜里（Chowdhury，2010）的两阶段模型中，这种时间偏好得到了具体体现。直观上，管理者的时间偏好会降低其研发动机。因为创新的成本在当期，而收益却在未来，考虑到当期收益及企业营收情况，管理者进行创新研发的意识减弱。而在环境规制的冲击下，这种自我控制问题会被抑制，可能有助于企业的长远发展（Ambec et al.，2013；Ambec and Barla，2006）。

（2）管理者可能存在风险规避行为。不同于其他企业活动，企业创新过程中的高投入、高风险性尤为显眼（肖兴志和王海，2015）。因此，如果管理者自身是风险厌恶者，即会有降低研发投资的动机。而环境规制会压缩管理者的选择空间，改变其目标函数，实现社会福利的总体改进。

（3）管理者自身的有限理性。经济问题的多样性与管理者自身的有限能力间的博弈会引致管理者自身的有限理性问题（Newell and Simon，1972）。诸多研究发现，这种有限理性会对波特效应产生影响（Arjaliès and Ponssard，2010；Gabel and Sinclair-Desgagné，1997）。

（4）技术市场的失灵现象。首先，创新活动具有一定的公共品特性。虽然其对社会总体技术改进有益，但对企业而言，收益却可能低于成本，企业创新活动自然也会得到抑制。而环境规制有助于缓解清洁技术创新层面的公共品特性，倒逼本地企业创新，虽然短期内其容易对企业经营造成负面影响，但可能会有助于提升企业的战略优势（Simpson and Bradford，1996），实现本土企业的帕累托改进（André et al.，2008）。其次，环境规制有助于缓解因信息不对称而造成的组织惰性（organizational inertia），降低企业管理者夸大真实成本、汲取租金的可能（Ambec et al.，2013），同时也有利于企业把握未来的市场发展方向，明确自身投资目标。最后，环境规制对于资本的更新换代也具有一定的促进作用（Xepapadeas and Zeeuw，1999），虽然这种更新换代可能存在"阵痛期"（Feichtinger et al.，2005），但从长远来看，新的资本对企业生产率的提升大有裨益。

2.1.3 环境规制影响企业创新的理论轨迹

虽然以上研究在一定程度上解释了经济发展中政府信息优势研究中的相关问题，但更深层次的疑问依旧存在。比如，如果政府能够通过产业政策克服这些困难，那么是否必须依托环境政策来加以实现？如果不是，那么波特效应的意义又何在？毫无疑问，从上述分析可以明确，波特效应的实现存在诸多局限性。因此，也有许多学者对波特效应理论模型加以拓展，以期得到更为符合现实的理论模型，进而推动波特效应理论的完善与再发展。目前，相关拓展研究主要从以下几个视角切入。

2.1.3.1 管理者决策角度的研究

盖贝尔和辛克莱 – 德斯加涅（Gabel and Sinclair-Desgagné，1997）从管理者决策入手，引入组织失灵（organizational failure）这一概念来进行研究。与新古典理论框架不同，这里的企业约束并不外生于企业，而是内生于企业的组织架构中。通常意义上，企业决策更多源于管理者的理念。因此，当那些易得机遇到处可见时，环境规制可能达到双赢。但值得注意的是，这种双赢现象也并非必然。因为这种机会只会是"一锤子买卖"。而在影响路径分析中，意识层面的影响占据了十分重要的地位（Brännlund and Lundgren，2009）。但从盖贝尔和辛克莱 – 德斯加涅（1997）的研究来看，企业会适应新环保理念，波特效应会逐步趋于消失。沿承这一思路，阿吉翁等（Aghion et al.，1997）进一步研究代理考虑（agency consideration）对于政策激励作用的影响，发现竞争政策或是产业政策的影响可能会因此而发生根本上的改变。在后续研究中，尼克尔等（Nickell et al.，1997）认为，竞争对生产率的激励作用受外部股东和控股股东的影响，而肯尼迪（Kennedy，1994）则更多从管理者的风险偏好来进行分析。虽然，莫尔（Mohr，2006）试图从管理者的角度来思考清洁技术的推行，但这一分析主要思考管理者执政策略的延续性，还是会缺乏更深层次的研究。总体上，学者针对管理者影响的研究大多基于公司治理层面。但管理者执政理念的根源仍有待于进一步的挖掘，是文化层面的影响还是周边环境的造就，对于该问题的回答可能更为"有趣"。虽然我们并不能否认管理者决策的偏离可能。但可以预料的是，这种"委托—代理"问题会因为激励机制的不断完善而趋于消失。

2.1.3.2 市场失灵角度的探索

企业创新中潜在的市场失灵一直是经济发展中难以规避的问题。针对这一"难题"，诸多学者进行了研究。其中，辛普森和布拉德福德（Simpson and Bradford，1996）通过战略贸易模型来刻画以排放税为例的环境规制激励效应。研究发现，虽然规制政策理论上存在促进地区产业发展的可能，但实践中却难以实现。如果说政府致力于推动企业实现先动优势，环境政策反而并非良方。环境规制较研发补贴可能存在的一个优势是，其不容易出现造假账等问题。与前有文献不同的是，莫尔（2002）放松了模型的基本假设（两个参与者），引入外部规模经济这一变量，认同新资本更具清洁性的观点，通过构建一般均衡模型研究发现，环境规制能够抑制"后动优势"造成的技术采用阻碍，促使企业更新换代。与辛普森和布拉德福德（1996）类似，莫尔（2002）也认为这一政策并非最优，相反，其会造成产品、污染同步增长的局面。对于我国而言，与发达国家相比，诸多技术仍有所滞后，可以预料的是，这种"后动优势"在很长时间内将能支撑我国企业技术创新发展并促进其不断进步。

2.1.3.3　环境规制影响角度的研究

契帕迪叶和德泽乌（Xepapadeas and Zeeuw，1999）将环境规制的影响（排放税）分为因要素价格上涨造成的"裁员"压力、资本"现代化"伴随的生产率提升[①]，以及两者交互造成的污染降低。就该观点来看，契帕迪叶和德泽乌（1999）并不完全认同波特效应，但其也认同由于资本的"裁员"效果以及"现代化"的效应，环境规制具有提升企业生产率的可能。而费许丁格等（Feichtinger et al.，2005）在契帕迪叶和德泽乌（1999）的模型基础上，着重考虑了资本的学习效应，并以此来研究环境规制如何影响资产平均寿命及其生产率。研究发现，如果考虑资本的学习效应，环境与企业利润之间的权衡（trade-off）会更为激烈，波特效应也将难以实现。

虽然波特效应尚存争议，但其在中国的发展仍拥有肥沃的土壤。从政策指导意义上来说，基于波特效应的中国应用研究绝非"移植性"的研究。这主要是因为我国创新基础过于薄弱，与国际相比还存在一定的技术差距，技术存在较为广阔的提升空间，易得机遇可能更为常见。而环境问题的整治相对而言存在一定的滞后性，现阶段企业与民众环保意识不强，

[①]　这里所提及的"裁员"效果以及"现代化"效应，分别指代总资产存量的减少以及资产平均寿命的降低（Xepapadeas and Zeeuw，1999）。

环境规制存在通过提升环保意识来激励企业创新的可能。同时，经济社会体制上的特殊性也使得中国波特效应触发机制值得进一步的探索。所以，有必要就中国现象进行研究，以期得到适用于中国，乃至世界其他发展中国家的答案。

2.1.4　环境规制影响企业创新的国外镜鉴

自 1970 年美国设立国家环境保护局之后，美国环境规制体系逐步完善，并对地区经济发展产生了一系列影响。环境规制方面较为明显的变革在于美国环境规制模式由命令强制性规制向自愿性伙伴合作转变（石淑华，2008）。为此，美国政府于 1990 年通过《污染预防法》，强调应当从源头治理环境污染，尽量从治理转为预防。在规制手段上，也逐步由以行政手段为主转为以市场为基础的经济手段。政策法规具备较高的灵活度。总体来看，美国的环境规制呈现出强化规制与简化规制并存的趋势。但环境规制的越发加强也给企业发展造成了影响。1970 年，美国就水和空气的相关政策法规多达 7 万多条。过分膨胀的政府规制对经济发展的负面影响越发凸显，导致美国 GDP 下滑、失业增加。有学者质疑，环境规制抑制了企业发展。在这样的背景下，波特（Porter，1991）指出，环境规制可能会促进企业发展，从而弥补其自身的"遵循成本"。无论这一理论能否得以实现，但毫无疑问迎合了政府和媒体的兴趣。因而，在政府规制趋于放松的大形势下，环境规制越发严格。

针对环境规制的影响研究亦是层出不穷。大多学者得到了环境规制有利于企业创新的结论。如皮克曼（Pickman，1998）基于美国工业行业的面板数据研究发现，环境规制与企业创新存在显著的正相关性。从数据样本来看，皮克曼采用的是 1973～1993 年的面板数据，当时美国经济发展不济，波特效应却能得以顺利发挥。桑亚尔（Sanyal，2007）基于美国电动工具行业重组的研究发现，放松规制会降低企业的研发动机。但毫无疑问，规制强度亦是一个值得关注的因素。若规制过于严格，挤出效应反而会超过波特效应，不利于企业创新。从桑亚尔（Sanyal，

2007）的研究来看，1990 年美国出台的清洁空气法案就是一个很好的佐证。

梳理现有文献不难发现，总体上针对国外环境规制的波特效应发挥主要存在以下三种类型的研究[①]（Jaffe and Palmer，1997）。

2.1.4.1 窄（narrow）视角下的波特效应

即环境规制主要着力于产出而非过程，一定形式的环境规制能够激励企业创新。在此基础上，贾菲等（Jaffe et al.，2002）将环境政策分为市场型政策以及命令控制型政策，前者主要指政府通过污染收费、补贴、交易许可证等手段激励企业控制污染，同时兼顾到企业自身发展利益[②]（Stavins，2003；Jaffe et al.，2002）；后者则更为侧重污染控制，并不会考虑到企业自身，对企业采取一视同仁的环境规制目标，客观上造成了企业生存压力。具体而言，命令控制型政策存在一些弊端，一方面，企业发展存在很强的多样性，政策难以通用；另一方面，命令控制型政策也可能会引发政府的过度规制（Stavins，2003）。拉诺伊等（Lanoie et al.，2011）研究认为，与规范形式的环境规制相比，灵活的规制手段能够起到激励企业创新的作用。这是由于在规范型的环境政策冲击下，企业自身没有激励去寻求最优路径达到环境标准，灵活手段更容易激励企业去找寻突破路径。诸多研究在此层面上展开。伯特劳（Burtraw，2000）的研究表明，美国二氧化硫（SO_2）控制手段的转变就有效地激励了企业创新发展。这可能是由于灵活的政策更容易实现产品生产过程中的范围经济，也能较好地激励企业管理自身的污染排放行为（Burtraw，2000；Labonne and Johnstone，2008）。但阿什福德（Ashford，1985）认为，虽然规制政策能够在

---

① 在具体文献分析中，"weak"波特效应与"narrow"波特效应的界定存在不同的研究。如德弗里斯和维萨根（de Vries and Withagen，2005）侧重认为，"weak"波特效应是指严格的规制手段会给企业正向的创新激励，进而改善其竞争力，保证环境质量。而贾菲和帕尔默（Jaffe and Palmer，1997）则更为强调环境规制能够激励某种形式（certain types）的创新。在逻辑梳理上，本章坚持以贾菲和帕尔默（Jaffe and Palmer，1997）的理论为基础，这点与余伟和陈强（2015）可能有所不同，在范围上也会大于董颖等（2013）所侧重的生态创新。

② 具体的市场型政策分类及其影响，斯塔文斯（Stavins，2003）做出了非常漂亮的研究，在此本章不再赘述。

一定程度上促进企业创新，但这一作用的发挥受到规制信号与规制机构自身异质性的影响。拉诺伊等（Lanoie et al.，2011）的研究则部分支持了波特效应，这与政策自身异质性存在很大关联。

2.1.4.2　弱（weak）视角下的波特效应

环境规制会促进某种形式的创新，且这种创新主要是为了降低规制遵从成本（Jaffe and Palmer，1997）。具体创新对社会是"好"还是"坏"并不存在先验结论（Ambec et al.，2013）。文献研究则主要侧重于环境创新等方面。从现有实证结果来看，针对这一问题也并未达成一致性的结论。但大多数学者研究发现，严格的规制政策有助于激励企业采用新技术（De Vries and Withagen，2005；Frondel et al.，2007）、参与环境创新（Lanjouw and Mody，1996；Brunnermeier and Cohen，2003；Arimura et al.，2017）。相反，也有学者对这一理论的适用性存疑，蒙塔尔沃（Montalvo，2003）基于墨西哥北部企业清洁技术创新的研究发现，当环境规制过于严厉时，可能会阻碍环境创新。与社会压力等因素相比，企业技术能力与可感知的经济风险是影响企业创新决策的重要因素。同样，桑亚尔（Sanyal，2007）研究发现，1990 年出台的清洁空气法案对企业环境研发造成了抑制影响。究其根源可能在于创新成本转嫁缺陷、资源约束以及挤出效应限制了企业研发活动。

2.1.4.3　强（strong）视角下的波特效应

在这一视角下，贾菲和帕尔默（Jaffe and Palmer，1997）放松了企业追求自身利润最大化的假设，认为规制可能会诱导企业开拓思想，寻求新的工艺或产品。也就是说，波特效应某种意义为企业提供了"免费午餐"，有利于社会福利的总体改进。具体研究如下。

首先，对企业生产率的影响，希比基等（Hibiki et al.，2010）总结认为，环境规制对企业生产率的影响存在两条路径：其一为企业投入要素的变化，当规制强度加大时，企业会更新设备、使用清洁原料，生产率自然随之改变；其二则在于环境规制某种意义上限制了企业的选择空间，降低了未来需求的不确定性，从而促进生产率的提升。但是，环境规制更有可能导致企业运营成本增加、无力创新的局面（Brännlund and Lundgren，2009）。纵观现有文献，虽然生产率变动并不能完全归因于环境规制（Denison，1979），但大多数经验研究依旧表明环境规制并不利于企业生产率的提升，如戈洛普和罗伯特（Gollop and Robert，1983）、格雷（Gray，1987）以及格雷和沙德贝吉亚（Gray and Shadbegian，2003）等。环境规制将使得企业为自身污染排放行为"买单"，进而引致成本增加。这将挤占企业投资性资金，最终降低企业生产率。当然，也有研究发现，环境规制具有正向激励作用（Berman and Bui，2001）。

对于这种差异性背后的原因，阿尔帕伊等（Alpay et al.，2002）研究发现，与美国相比，墨西哥食品行业的生产率在环境规制下有所提升，这可能是由于墨西哥技术基础薄弱，从而在贸易自由化的框架下更容易提升自身技术水平。此外，不同类型的环境创新会给企业绩效带来不同影响也是潜在原因之一（Rexhäuser and Rammer，2014）。

其次，对企业利润率的作用，波特和范德林德（Porter and Van der Linde，1995）认为，环境规制能够克服管理者自身思维惰性，提供市场所不能提供的信息优势和竞争激励。雷克斯豪瑟和拉默（Rexhäuser and Rammer，2014）对这一理论进行了检验，发现环境规制只在能够提升资源利用效率时，才能提升企业利润。而拉西尔和恩哈特（Rassier and Earnhart，2010）的研究则发现，水污染规制降低了化工制造业内企业的盈利水平。总体来看，有关利润层面上的研究较为少见，这主要是由于现实经济中，企业利润受多方因素的综合制约，我们很难单独剥离出环境规制的作用影响。

最后，也有学者对环境规制如何影响企业的投资行为进行了思考。其中，较为突出的发现是环境规制对企业研发具有激励作用（Johnstone and Labonne，2006；Hamamoto，2006；Yang et al.，2012；Arimura et al.，2017）。此外，针对企业的投资行为，尼尔森等（Nelson et al.，1993）研究发现，环境规制能够有效地提升企业的资本年限，但污染削减投资却对生产投资存在明显的负向影响（Gray and Shadbegian，1998）。

2.2　环境规制的实践效果：中国环境规制影响研究

2.2.1　中国环境规制能否激励企业创新

综合来看，针对环境规制的影响研究层出不穷。其中，对波特效应最为常见的研究便是环境规制与技术创新间的关系。如黄德春和刘志彪（2006）在 Robert 模型中引入技术系数后研究发现，环境规制存在促进企业创新的可能。基于海尔的案例研究更是佐证了这一结论。但早期的文献研究思路大多过于线性化，研究结论也是"非黑即白"。部分学者认为，环境规制对技术创新存在抑制影响，也有学者认为，环境规制有效地激励了创新发展，还有学者认为，二者间关系并不显著（吴清，2011）。在这一体系下，学者利用中国数据进行了多样化研究，如表 2 - 1 所示。

表 2 - 1　　　　中国环境规制能否激励企业创新的研究文献

研究论点	研究视角	主要观点	参考文献
环境规制能否激励企业创新	区域异质性	环境规制的影响存在地区差异	童伟伟和张建民（2012）；沈能和刘凤朝（2012）；江珂和卢现祥（2011）；赵霄伟（2014）
	企业异质性	环境规制的影响存在企业差异	张中元和赵国庆（2012）；娄昌龙和冉茂盛（2015）
	环境规制滞后性	企业对环境规制的反应需要时间	赵红（2007）；江珂（2009）；刘加林和严立冬（2011）；李平和慕绣如（2013）
	环境规制强度差异	企业创新水平随环境规制强度呈现先降低后提高	蒋伏心等（2013）；李勃昕等（2013）；张成等（2011）；刘伟和薛景（2015）；李平和慕绣如（2013）

2.2.1.1　环境规制的滞后性影响

考虑到规制政策对企业创新的影响需要一定时间，部分学者开始关注环境规制的滞后性影响。如赵红（2007）基于行业面板数据研究发现，环境规制对滞后三期的行业创新存在正向影响，即波特效应可能并不在当期发生，在未来才会有所作用。这一研究结论得到诸多学者的支持（江珂，2009；刘加林和严立冬，2011）。李平和慕绣如（2013）同样认为，政府环境规制对地区研发的影响存在滞后性，当期甚至可能产生阻碍作用，滞后期内促进作用显著。这背后的根源在于，与创新补偿效应相比，环境规制在初始阶段更可能导致企业研发资本的挤出效应。当然，这种滞后影响并不具备普适性，陶群山（2015）基于安徽省农业科技相关数据的研究发现，环境规制有利于农业科技创新，且这一影响在短期和长期内都会有效。

2.2.1.2　区域异质性角度的分析

结合中国现实情况来看，不同地区具有不同的经济发展基础和水平，对环境保护的重视程度也存在较大差异，分区域探讨环境规制的潜在影响也就有了现实的迫切性。江珂（2009）研究发现，与其他地区相比，环境规制对东部地区的影响最为显著；童伟伟和张建民（2012）基于世界银行2005年中国制造业企业调查数据，采取Tobit模型研究发现，较之中西部，我国环境规制显著促进了东部企业的研发投入。这一现象与区域资本存量和人力资本差异不可分割（沈能和刘凤朝，2012；江珂和卢现祥，2011）。更进一步地，有学者认为，波特效应的地区差异性可能与地方政府间的竞争模式有关，赵霄伟（2014）的研究发现，中部地区政府间环境规制"逐底竞争"显著，而东部和东北地区存在"差异化竞争"。

2.2.1.3　基于企业性质差异的考虑

关于环境规制对不同性质企业的影响差异也值得探讨。如张中元和赵国庆（2012）研究发现，环境规制有利于国企技术进步，对"三资"企业没有显著影响，相对而言不利于私营企业技术发展。同样，娄昌龙和冉茂盛（2015）也得到类似的结论，即无论是外生还是内生，环境规制对国企技术创新的激励作用远远高于民企。究其原因，与非国有企业相比，国有企业是政府干预和参与经济的重要平台。因而国有企业的发展规划与国家战略需求较为吻合，国有企业在创新活动等方面容易有所突破。且国企较民企而言对政策更为敏感，同时存在预算软约束，从而更有利于其发挥波特效应。

早期的环境规制对技术创新的研究已颇为丰富，但这些研究存在一个共同的缺陷——过于线性化。针对这一问题，后续学者从两条路径加以拓展。

其一，引入平方项考量环境规制的动态影响，然而研究结论并不统一。一方面，蒋伏心等（2013）通过江苏省制造业数据验证了环境规制对技术创新的影响，研究发现，环境规制会对技术创新产生倒"U"型影响；李勃昕等（2013）针对创新效率的研究也得到类似结论。另一方面，张成等（2011）在分地区的数据基础上研究发现，在东部和中部地区，环境规制强度对企业生产技术进步率的影响呈"U"型。刘伟和薛景（2015）的研究也得到类似的结论，即随着环境规制由弱到强，技术创新水平呈现出先降低后提高的现象。从现有文献来看，大多认为这种动态影响往往是源于环境规制正负效应的对比，不同的是，对于这种对比的"界点"估计存在一定差异。

其二，有关环境规制的门槛效应发挥的思考。诸多学者在汉森（Hansen，1999，2000）的门槛模型下进行分析，发现环境规制与技术创新之间存在多重门槛效应。李平和慕绣如（2013）研究发现，波特效应的发挥存在基于规制水平的"三重"门槛效应，当规制水平过低时，不利于创新活动开展，而过高时也会抑制促进作用发挥。沈能（2012）认为，环境规制的影响存在基于地区经济发展水平的门槛效应，经济越发达的地区，促进作用越明显，这也暗合地区差异会影响波特效应发挥的相关研究。此外，也有学者基于贸易自由度、工资水平等变量进行多方位的门槛效应检验

（宋文飞等，2014）。

可以看到，关于环境规制与企业创新的关系纷繁复杂。随着环境规制研究脉络的不断演进，诸多学者逐渐从环境规制是否激励企业创新转向环境规制到底激励了什么样的企业创新。在讨论两者关系的同时，我们也要明确什么样的环境规制政策更能激励企业实现创新发展。因此，本章将进一步梳理相关研究。

2.2.2　环境规制激励了何种企业创新

从环境规制对企业创新发展的作用路线来看，环境规制激励了什么样的创新发展值得关注。李强和聂瑞（2009）研究发现，环境规制的创新激励作用主要体现在发明专利和实用新型专利上，对外观设计专利数的影响并不显著，这一结论也得到了刘加林和严立冬（2011）的证实。也有学者持完全相反的态度，王鹏和郭永芹（2013）研究发现，环境规制带来的成本负担和资本限制使得地区发明专利受到的抑制最为明显。颉茂华等（2014）进一步将创新分为环保与非环保研发投入，研究发现，环境规制对前者影响更为显著。这一思路在某种意义上也是清洁技术创新研究的雏形。

在阿西莫格鲁等（Acemoglu et al.，2009）的研究基础上，部分学者集中于研究清洁技术创新发展（或称绿色创新）①。但受制于专利数据缺失，早期我国清洁技术创新研究大多停留在理论层面，如许士春等（2012）、聂爱云和何小钢（2012）等的研究。相关实证研究大多集中于环境全要素生产率视角。在估算方法上也主要集中于两条路径：一是将环境污染作为一种投入指标引入模型进行测算；二是将环境污染作为一种非期望产出。如陈超凡（2016）将劳动投入、资本投入和资源投入作为投入要素指标，期望产出和非期望产出（污染排放量）作为产出要素指标，利用方向性距离函数及 ML 指数测算中国工业的绿色全要素生产率。这些估算

---

① 早期的关于绿色创新理论的相应研究可以见戴鸿轶和柳卸林（2009）所做出的综述。

方式在本质上只是"旧瓶新酒"，还是难以精确衡量清洁技术创新的发展态势，其中的估计偏误也难以消除。从现有研究进度来看，有研究认为，环境规制对绿色全要素生产率的影响存在基于环境规制强度、科技创新水平等门槛效应（李斌等，2013），或是存在"U"型影响（殷宝庆，2012），是否已经越过"波特拐点"依旧存疑。对于这一现象的根源，董直庆等（2015）认为，一方面，是因为技术创新自身存在很高的不确定性；另一方面，技术发展的方向受制于利润函数，故其方向往往难以确定。

此外，有学者从价值链角度出发，将技术创新分为技术开发阶段和技术转化阶段进行细化研究。李阳等（2014）和张倩（2015）研究发现，总体上环境规制对技术开发和技术转化都具备正向激励作用，后者长期效应往往大于前者。汪婷婷等（2013）进一步认为，虽然环境规制有利于技术开发与转化，但是这种正向激励存在"度"的限制，总体呈现出倒"U"型影响。与前期研究不同的是，陶长琪和琚泽霞（2016）认为，环境规制对技术转化存在阻碍作用，但随着规制强度的加大，阻碍作用逐步减缓。总体来看，基于不同视角测算的创新指标，现有研究表明中国环境规制在执行过程中对企业创新也存在挤出效应与波特效应双向作用力。因而，如何激发波特效应在中国情境下的实现值得关注。

2.2.3　环境规制能否激励绿色创新

不同于普通技术创新，绿色创新具有资源节约和环境改善的独特属性（方先明和那晋领，2020）。因此，绿色创新可帮助企业减少污染排放，提升企业的环境绩效（Huang and Li，2017）。绿色创新数量较多的地区也具有更高的环境质量（Ghisetti and Quatraro，2017）。此外，绿色创新同样可提升企业的经济绩效（Sharma and Vredenburg，1998；Zhang et al.，2019）。具体来说，开展绿色创新有利于企业完成价值链闭环、推动上下游部门的协同发展（方先明和那晋领，2020）。企业也可通过绿色产品创新和绿色工艺创新抢占绿色市场，建立领先优势（Lin et al.，2013；Xie et al.，2019），并利用环境绩效带来的声誉树立企业形象，最终实现企业的可持续发展（解学梅和朱琪玮，2021）。但通常企业并不具备自主开展绿色创新活动的内在驱动力，亟须予以企业适当外部压力进而推动其实现绿色创新发展。

随着波特效应理论的提出，不少学者开始研究环境规制能否激励企业绿色创新发展（刘津汝等，2019；邢丽云和俞会新，2019；张翼和王书蓓，2019；李依和高达，2021），从而使企业实现经济效益和环境效益的双赢局面。那么，环境规制为何能影响绿色创新呢？总结如下，第一，由环境规制而产生的严格的监管压力和减排目标会对企业绿色创新活动产生积极影响。绿色创新不仅有助于企业提高合法性，还能避免其因不遵守法规而遭到处罚（于连超等，2019）。第二，环境规制在迫使企业减少污染的同时会促使企业成本上升，倒逼企业进行绿色创新（陶锋等，2021）。环境规制会将企业的环境成本由外部成本转为内部成本，这将迫使企业进行绿色创新活动以达到降低成本的目的。第三，绿色创新所导致的经济绩效增长会进一步激励企业进行绿色创新。环境规制催生的绿色创新能够使企业提高生产效率和优化经济绩效（Guo et al.，2017；Zhang et al.，2019），进而提高企业从事绿色创新的积极性。第四，环境规制对企业绿色创新产生显著的溢出效应。环境规制不仅可以影响当地的绿色创新，还可以改变周边地区的绿色创新（董直庆和王辉，2019；Dong et al.，2020）。例如，王旭和岳素敏（2021）的研究结果表明，市级地方政府被约谈，能够激励相邻政府辖区内的企业开展绿色创新，并且这种激励效应主要体现在实质性绿色创新等层面。

进一步地，由于企业的特征不同，环境规制对不同类型企业具有差异影响。首先，相比于低创新能力企业，拥有高创新能力的企业会进行更多的绿色创新。这是因为创新能力强的企业进行创新所需要投入的单位成本更低，所以企业会减少污染产品的生产转而增加对绿色创新的投入（景维民和张璐，2014；吴力波等，2021），即绿色创新对污染生产存在"替代效应"。其次，相比于国有企业，环境规制对非国有企业绿色创新活动的促进效应更显著。国有企业较为容易获得政府的支持，因此，获取政府补贴和环境合法性对国有企业产生的激励作用较弱 (Wang and Zou, 2018; 徐佳和崔静波, 2020)。而非国有企业不具备这种优势, 其为获取环境合法性和更多资源的动力更强, 进而会积极地进行绿色创新。最后, 相比于高融资约束的企业, 环境规制会显著促进低融资约束企业进行绿色创新。有研究分析发现, 融资约束程度较低可使企业获取持续稳定的现金流 (杨兴全等, 2016), 这将增加企业对研发支出的投入, 使企业有能力进行绿色创新来应对环境规制政策。亦有研究从宏观层面讨论地区间的异质性。地区间市场化程度的差异会对环境规制的绿色创新效应产生不同的影响, 具体而言, 低市场化地区是政府资源配置效应占主导, 这会导致企业自行配置资源的能力低下 (张天华等, 2018), 不利于企业进行绿色创新。而高市场化地区是市场资源配置效应占主导, 企业不仅要追求环境合法性, 而且会通过配置闲置的资源达到降低污染治理成本的效果 (于连超等, 2019), 因此, 会促进企业增加绿色创新活动。此外, 相比于中西部地区, 东部地区拥有雄厚的资金和先进的技术, 可以满足企业进行绿色创新所需要的现金流和相关设备 (Ren et al., 2018)。而西部地区较为落后, 政府为促进其经济发展可能会放松对规制政策的执行力度, 从而不利于企业进行绿色创新。

除此之外, 也有学者根据实施对象的差异将绿色创新分为绿色产品创新和绿色工艺创新来进行分析。其中, 绿色产品创新是指将环保理念融入原材料选择、产品设计、产品包装等各个环节的创新形式, 产品创新可以有效减轻整个产品生命周期所带来的负面环境影响 (Chan et al., 2016; Lin et al., 2013); 而绿色工艺创新则是指改进原有生产工艺或开发新工艺的创新形式, 分为清洁生产创新和末端治理创新 (Xie et al., 2019)。从张倩 (2015)、王锋正和郭晓川 (2015) 关于环境规制对两种不同类型绿色创新影响的实证结果来看, 环境规制对二者都存在激励作用。在环境规制对绿色产品创新影响的研究中, 部分学者认为, 强制性的外部环境规制使得企业必须进行绿色产品创新, 否则将遭受经济损失, 甚至被勒令停产 (王炳成等, 2009)。后续研究相继发现, 环境规制对绿色产品创新影响可能并不显著 (王锋正和姜涛, 2015)。在环境规制对绿色工艺创新影响的研究中，李婉红等（2013）研究发现，环境规制对绿色工艺创新的影响并不稳健，存在"不完全环境规制"现象的可能。表2-2不完全归纳了现有关于环境规制与绿色创新的研究文献。总体看来，对于绿色产品、工艺创新的划分存在技术上的难题。虽然在理论上可行，但在实证过程中，指标选取存在很大困难①。总体上，虽然这一类文献较为"新颖"，政策指导意义较强，但受制于数据缺陷，尚不能成为主流。随着相应数据的逐步完善，未来发展值得期待。

表2-2　　　　　　　　中国环境规制与绿色创新的研究文献

研究方向	研究视角	量化方式	参考文献
绿色创新指标构建	创新绩效	绿色全要素生产率	陈诗一（2010）；殷宝庆（2012）；李斌等（2013）；景维民和张璐（2014）；陈超凡（2016）
	创新产出	绿色专利数量及占比	齐绍洲等（2018）；董直庆和王辉（2019）；陶锋等（2021）
研究方向	研究视角	主要观点	参考文献
环境规制与绿色创新	促进论	环境规制将促进企业绿色创新	刘津汝等（2019）；邢丽云和俞会新（2019）；张翼和王书蓓（2019）；李依和高达（2021）
	企业差异	环境规制对企业绿色创新的影响存在企业差异	景维民和张璐（2014）；杨兴全等（2016）；吴力波等（2021）
	地区差异	环境规制对企业绿色创新的影响存在地区差异	任胜钢等（Ren et al.，2018）；张天华等（2018）；于连超等（2019）
	绿色创新差异	环境规制对绿色产品创新和绿色工艺创新的影响存在差异	王炳成等（2009）；李婉红等（2013）；张倩（2015）；王锋正和郭晓川（2015）

① 现有文献对于绿色产品创新的衡量普遍从用新产品销售收入与能源消耗量的比值来度量，对工艺创新的衡量存在一定差异。其中，张倩（2015）采用废水排放量与工业产值的比值，而王锋正和姜涛（2015）等采用研发内部支出与技术改造经费投入之和来进行测算。但衡量的精确性还有待于提高。

2.2.4　何种环境规制更能激励企业创新

在考虑环境规制对于企业创新发展的影响时，有关规制工具界定的探讨就显得十分必要。其中，张嫚（2005）以正式规制和非正式规制对环境规制进行了区分。而彭海珍和任荣明（2003）从政府视角出发，将环境规制分为命令控制型、经济激励型和商业—政府合作型。但就适用主体范围而言，其又可分为出口国环境规制、进口国环境规制和多变环境规制（张弛和任剑婷，2005）。在此基础上，赵玉民等（2009）针对环境规制从显性规制和隐性规制两方面进行了界定。显性规制主要包含以下具体规制工具：命令控制型环境规制、激励型规制以及自愿型环境规制，其中，激励型规制主要以市场为基础，隐性规制则为其他规制工具。在环境规制工具界定日趋完善的同时，有关何种工具政策更有利于激发企业创新的研究也相继展开。

关于规制工具有效性的研究多集中于命令控制型和激励型规制两种。由于地区、产业和相关地方政策的不同，以及企业技术发展的不断推进，不同类型的规制政策对于国内环境问题的适用性发生了一定变化，对于企业创新发展的作用也呈现出了差异化。就命令控制型规制工具而言，其主要是由政府主导，以相关法规、政策为手段，具有一定的强制性。沈能（2012）提出，高强度的环境规制政策可以促进企业技术创新，但其存在明显的地区差异。在这一前提下，王小宁和周晓唯（2014）针对西部大开发过程中出现的环境污染问题进行了研究，发现命令控制型规制工具对于西部地区技术创新具有显著的正向作用，并且这种积极作用显著高于市场激励型和自愿型规制工具所带来的效果。而隐性规制政策对技术创新具有显著的抑制作用。与之类似，王书斌和徐盈之（2015）认为，环境行政规制和环境污染监管力度的提高有利于增强企业投资偏好的雾霾脱钩效应。即使命令控制型规制工具对于企业创新发展具有积极作用，但由于该项手段规制成本巨大，又鉴于研发创新本身投入较大，部分学者认为，该政策工具并不能迎合多数企业创新发展的需要。

环境规制由命令控制型逐渐向市场激励型转变成为一种趋势。马富萍等（2011）研究发现，命令控制型环境规制对技术创新经济绩效和生态绩效的正向影响都不显著，而激励型环境规制和自愿型环境规制对技术创新经济绩效和生态绩效都有显著的正向影响，这一研究结论也得到了金艳红和林立国（Jin and Lin，2014）的研究证实。贾瑞跃等（2013）基于企业生产技术进步指数的研究进一步佐证了该结论，再次证明了命令控制型手段作用并不明显，而市场激励型环境规制工具对生产技术进步具备显著的推动作用。在此基础上，范丹（2015）着眼于企业创新的时间跨度，发现对于我国制造业而言，命令控制型规制政策对于企业的连续创新影响较小。在肯定市场激励型规制工具作用的研究基础上，许多学者开始关注此类政策中不同类型规制方式的比较分析，试图挖掘出对我国企业创新发展更加有力的具体政策工具。就我国而言，臧传琴（2009）研究认为，税费规制和交易许可证规制对于企业发展具有重要作用。贾瑞跃等（2013）的研究同样表明，排污收费制度现已成为中国环境规制的主要手段之一，并在生产技术创新发展中占据主导作用。可见，激励型规制工具的具体实施对于我国企业的创新的确具有不可小觑的作用。

不难发现，无论是命令控制型规制工具，抑或是激励型工具，对于不同企业的创新发展均具有一定的激励作用。但其都具有一定的缺陷。前者归因于高规制成本，后者多因为信息不对称及披露不足而难以有效执行。因此，混合规制工具开始走进大众视野。贾瑞跃等（2013）认为，充分发挥命令控制型和市场激励型规制工具的互补优势有利于加快我国技术创新进步进程。无独有偶，臧传琴（2009）也强调了使用混合规制工具的重要性。其后，张会恒（2012）具体问题具体分析，发现针对农村存在的秸秆焚烧污染环境问题，有效的规制工具组合可以较好地解决问题。可见，随着环境问题的复杂化，单一的规制政策已经难以应对相应问题，规制工具的组合已然是个大胆且可取的尝试。并且由于互补优势，该措施对于企业的技术创新也同样具有一定的促进作用。

有关自愿型规制工具对于企业创新发展的研究并不多见，但其所具有的作用仍然值得一提。其中，王小宁和周晓唯（2014）认为，提升西部公众环保意识有利于发挥隐性规制工具的作用。不仅如此，范丹（2015）认为，针对轻度污染企业的创新能力提升应该加强信息披露及自愿协议等规制工具的使用。除此之外，一些非正式规制工具，如舆论监督、新闻媒体监督、群众呼吁等都有利于解决环境问题，为企业创新发展提供动力。不难发现，针对什么样的环境规制更能激励创新发展这一问题，我们很难得出一致性的结论。由于企业的异质性，以及地区差异等原因，不同的企业往往适用不同的环境规制工具。"对症下药"将是解决环境问题、促进企业创新发展的最佳决策。

2.3　本 章 小 结

作为社会主义国家，中国经济发展具备很高的特殊性。在经济发展上，我国仍是世界上最大的发展中国家，经济发展不容懈怠。与此同时，诸多政策呈现出"非完全执行"的情况。这些因素对环境规制政策的执行产生了显著影响，并将进一步影响企业的动态反馈。

从中国环境规制的政策设计来看，我国环境规制大致呈现出以下几种方向：第一种是以命令控制型政策为主的政策，这类政策大多由政策法规保障其实施。如"十一五"期间，国家提出各省份化学需氧量和二氧化硫排放总量下降 10% 的约束性控制目标，并与政绩考核体系挂钩[①]，明文规定不能按时完成该项考核指标的地方官员会受到处罚。从政策实施效果来看，各地区污染排放量显著下降。第二种是以经济激励手段为主来治理环境。较为明显的表现在于排污费征收政策及排污权交易等行为。这类政策主要通过向企业征收费用来惩罚其排污行为，以达到约束污染的目的。但在政策实施过程中，却可能因地方保护主义造成政策的非完全执行。第三种为其他规制政策等。

---

① 援引自中华人民共和国中央人民政府网：http：//www.gov.cn/zhengce/content/2008 - 03/28/content_4877.htm。

从相关文献来看，学者研究结论莫衷一是。有学者认为，命令控制型政策能够确保环境规制的实施力度，治污效果较为可观。如郑思齐等（Zheng et al.，2014）研究发现，自"十一五"规划以来，面对中央政府的政策压力，地方政府在环境规制上较为用心，在一定程度上遏制了环境水平的持续恶化。但苏晓红（2008）分析认为，虽然这一类型的政策能够较快地遏制环境污染，但将不利于企业创新。与之相比，苏晓红（2008）认为，市场型政策的实施成本低，更有利于地方创新发展，这一研究结论也得到了金艳红和林立国（Jin and Lin，2014）的证实。似乎同国外政策实践相同，市场型政策将有利于中国企业发展。但从其研究结构来看，普遍集中于地域层面，企业的动态反馈仍值得进一步的考量。

值得注意的是，环境规制给技术创新带来的差异性影响在很大程度上受规制衡量指标的影响①。不同的测算方式自然会得到迥异的实证答案。从现有文献来看，学者意见也难以统一，虽然存在具体问题具体分析的原因，但更深层次的是各种衡量方式都有缺陷。相对于其他方式，我们认为，基于宏观政策层面的研究可能更为可信。纵观国内外有关波特效应的相关研究，不难发现，波特效应研究仍有一定的改进空间，具体表现在以下方面。

从方法层面来看，近年来兴起的准自然实验法②为这一领域提供了计量方法基础，相对于其他计量模型，这一方式能够定量考察制度绩效、客观评估政策效果。而在现实层面，伴随着环境水平的不断恶化，我国针对环境污染出台了一系列法规政策，这些政策为后续研究提供了现实土壤。从现有文献来看，李树和陈刚（2013）对中国 APPCL2000 修订影响的研究，杰弗森等（Jefferson et al.，2013）、赫林和庞塞特（Hering and Poncet，2014）和田中（Tanaka，2015）基于中国两控区政策进行的分析，以

---

① 对于现有环境规制程度指标的衡量方式的总结可以见张成等（2011）在文中所作的总结。大体来看，可以分为六类，分别是环境规制政策、治污投资比重、治污设施运行费用、人均收入水平、规制机构检查监督次数以及污染排放量。

② 但值得注意的是，中国现有准自然实验方法的运用存在诸多问题，对此，陈林和伍海军（2015）业已进行一定梳理，在此不再赘述。

及韩超和胡浩然（2015）基于中国清洁生产标准实施所做出的工作都是很好的先例。但总体上来看，这些研究也都只是基于某些角度的分析，仍有很多信息值得进一步的挖掘探索。

政策出台涉及方方面面的"利益"（高见和郭晓静，2010），环境政策更是如此。一方面，国家有意图改善居民生活质量，为子孙后代留下良好的生态环境；另一方面，对环境规制的加强可能会导致经济发展裹足不前。国家层面的政策出台存在取舍，而对于地方层面，由于环境规制潜在的短期企业福利损害，加之地方经济发展与官员激励紧密关联，地方政府有维护辖区内企业的动机。因而，对这种政策执行力的研究尤为重要。而现有文献普遍将视角集中于政策的"最先一公里"，关注政策出台及类型，对于政策执行的研究还有待于进一步的探索。

针对以上不足，将来一个可能的解决方案就是基于地方官员的异质性进行研究。在原有政绩考核体制下，地方官员对环境问题的态度将关系到地区环境规制的执行力度，也将因此影响到波特效应的发挥。因而，基于这一角度的研究将对波特效应理论及相关规制政策的完善起到强有力的推动作用。

此外，基于地区法治环境的研究也可能对波特效应的中国化有所助力。杨其静（2011）认为，企业不仅会对内进行能力建设，也会对外寻求政治关联，两条路径之间存在取舍。结合波特效应理论的作用机制来看，环境规制激励创新发展的前提是企业不存在其他"选项"。当企业可以通过贿赂等行为谋求利润提升时，这种激励作用可能会逐步衰减，甚至在一定程度上阻碍企业的创新发展。

与此同时，须针对波特效应进行规制政策设计，注重政策协同构建。中国当下规制政策碎片化现象明显。一是部门间利益冲突。因产业利益相关度较低，易造成不同部门间协同失灵，出现部门利益分割和本位主义，难以形成有效的统筹规划。二是政策间的不协调，表现为政策矛盾、重叠、多变等现象。已有学者指出"运动式"治理和"修马路"式治理的不合理性，呼吁由"运动治理范式"向"常态治理范式"转变，强调打出中国治理的政策组合拳。政府也已意识到政策协同的重要性，开始注重政策协同构建。但现有基于政策协同机制的研究远远不足，多停留于表面，缺乏对政策协同的深入认识。剖析部门利益格局、构建环境规制政策协同机制以达到政策合力效果有待探索。基于此，从源头上确保规制政策的适宜性，对波特效应的实现具有重要的基础性作用。

第 3 章

命令控制型政策的冲击：
基于两控区政策的分析

作为一项重要的环境规制举措，命令控制型政策工具在区域环境治理中占据举足轻重的地位。本章着重分析这一类型的政策工具对企业发展造成的影响。在环境规制渐趋严格的形势下，如何实现"金山银山"与"绿水青山"兼得的双赢局面已经成为当前"中国新一轮改革"中的一大难题（王海等，2019）。结合"两控区"政策的实施背景，本章重在梳理"两控区"政策的实施对地区发展产生何种影响，以及哪些因素会加剧或削弱这一影响作用。为进一步佐证本章研究结论，本章利用"十一五"规划中的环保指标来验证环境规制的影响特征。研究表明，在当前经济形势下，命令控制型政策对企业发展的影响较为可观，仍不失为激励中国经济可持续发展的"一剂良方"。

3.1 命令控制型环境规制的影响解读

3.1.1 命令控制型环境规制政策的内涵

中华人民共和国成立以来，中国环境保护工作经历了从"初步发展"到"成熟完善"的变迁。中国政府不仅加大了对环境保护的重视程度，提高环境保护在经济发展过程中的地位，还出台了多种环境规制政策来控制环境污染。结合现有文献来看，环境政策工具主要分为几类：其一为命令控制型环境规制政策，是以政府行政命令及政策法规为依托所出台的政策措施，政策本身具有一定的强制性，由法律保障其实施，如排放标准、排放配额、总量限制等；其二为市场激励型环境规制政策，主要通过经济激励来调整企业行为，如排污费、环保税等；其三为其他临时性政策工具。王志（2012）认为，相对于市场激励型环境政策工具，命令控制型政策工具优势与劣势并存，其优势在于命令控制型政策实施效果能得以保障，会因其强制性顺利施行。同时，命令控制型政策工具适用于处理突发性的环境事件，也利于提高环境公共品的供给力度。但命令控制型政策也会因强制性导致其实施成本相对较高，甚至可能会因政策执行引致生产中的"劣币驱逐良币"现象。

因此，在世界各国的环境政策工具演变过程中，命令控制型政策手段逐步消退，并逐步演变为经济激励乃至自愿型环境规制。中国当下的环境规制政策改革也呈现出这一趋势。任志宏和赵细康（2006）梳理中国环境法规的类型构成发现，相对于基于市场以及相互沟通的环境法规而言，命令控制型环境规制政策占比逐年降低（见图3-1），中国政府在环境规制上存在很明显的由直接规制向间接规制转变的趋势。这是因为在市场化改革下，政府规制角色逐步转变，命令控制型政策显得"陈旧"。有报道指出，原有政策已经难以跟上国情发展，应当采取市场化的手段去解决中国经济发展中的诸多问题。但这一观点真的正确吗？是否符合中国当下经济发展形势？对于中国这样的转型经济体而言，相比于命令控制型政策工具，市场化的规制手段是否真的行之有效仍有待进一步的研究。

为分析不同规制政策的差异效果，考虑到命令控制型政策手段主要包括污染物排放浓度控制、污染物排放总量控制、环境影响评价制度、"三同时"制度、限期治理制度、排污许可证制度、污染物集中控制、环境行政督察以及城市环境综合整治定量考核制度等（张坤民等，2007）。在这一框架下，出于数据量化的考虑，本章将以污染物排放总量控制为例探索命令控制型政策工具的经济影响。

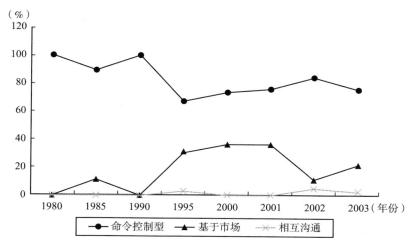

图 3 - 1　环境政策变化趋势

资料来源：笔者根据任志宏和赵细康（2006）研究整理所得。

3.1.2　环保绩效考核办法变革

中华人民共和国成立以来，不断强化的环境规制政策有效改善了地区环境水平。其中，将环境保护纳入官员政绩考核体系的做法发挥了重要作用。通过对绿色发展的综合考核有效强化了地方政府的环境保护意识，大幅度提高了地方党政领导对环保问题的重视程度，从而使得一些久拖不决的环保问题得以解决。已有研究发现，在将环保指标加入地方官员政绩考核体系后，官员更有激励采取积极的环境保护措施以达成环境保护目标，环境污染将得到较好治理（Kahn et al.，2015；冯志华和余明桂，2019；金刚和沈坤荣，2019）。为明晰政绩考核机制的变迁，本章也将对相关政绩考核办法进行梳理和分析。

一直以来，经济发展压力促使地方政府倾向采取粗放式的发展模式，对地区生态环境造成了危害（周黎安，2007；黄滢等，2016）。伴随着经济的不断发展，民众对于良好环境的诉求逐渐增强。对此，中国政府高度重视环境污染治理，不断出台各类环境规制政策（刘郁和陈钊，2016）。但多数规制政策都因环境规制部门独立性缺失，未得到完全执行（韩超等，2016；张华等，2017），环境规制政策效果并不显著。为了解决规制政策的执行力问题，中国政府开始将官员环境保护绩效纳入政绩考核体系中，以期由此解决环境污染问题，见表 3－1。

表 3－1　　　环境保护法律法规有关官员政绩考核的文件内容

年份	文件	考核内容	文件号
1989	《中华人民共和国环境保护法》	实施环境保护目标责任制	主席令第 22 号
1990	《国务院关于进一步加强环境保护工作的决定》	环境保护目标的完成情况应作为评定政府工作成绩的依据之一，并向同级人民代表大会和上一级政府报告……建立环境保护责任制度和考核制度	国发〔1990〕65 号
1996	《国务院关于环境保护若干问题的决定》	地方各级人民政府对本辖区环境质量负责，实行环境质量行政领导负责制……地方各级人民政府及其主要领导人要依法履行环境保护的职责，将辖区环境质量作为考核政府主要领导人工作的重要内容	国发〔1996〕31 号
2003	党的十六届三中/四中全会	坚持以人为本，树立全面、协调、可持续的发展观，促进经济社会和人的全面发展（国家环保总局：我们急需一套能够修正地方官员决策的考核标准，这就是官员环保考核。环保考核应包括公众环境质量评价、空气环境质量变化、饮用水质量变化、森林覆盖增长率、环保投资增长率、群众性环境诉求事件发生数量等指标；还应包括当地政府对中央各项环保法律法规的落实情况）	
2005	《国务院关于落实科学发展观加强环境保护的决定》	地方人民政府主要领导和有关部门主要负责人是本行政区域和本系统环境保护的第一责任人	国发〔2005〕39 号
2007	《国务院关于印发节能减排综合性工作方案的通知》	把节能减排指标完成情况作为政府领导干部、企业负责人绩效考核的重要内容，实行"一票否决"制	国发〔2007〕15 号

续表

年份	文件	考核内容	文件号
2008	《中华人民共和国水污染防治法》	国家实行水环境保护目标责任制和考核评价制度，将水环境保护目标完成情况作为对地方人民政府及其负责人考核评价的内容	主席令第 87 号
2011	《国家环境保护"十二五"规划》	实行环境保护"一票否决"制……制定生态文明建设指标体系，将其纳入地方各级人民政府政绩考核	国发〔2011〕42 号

从表 3-1 可以看出，自 1989 年《中华人民共和国环境保护法》首次确立中国实施环境保护目标责任制以来，各类官员环保政绩考核办法相继出台。从考核内容上看，1990 年，《国务院关于进一步加强环境保护工作的决定》提出："将考核内容作为评定政府工作成绩的依据之一"；此后，《国务院关于环境保护若干问题的决定》进一步要求"将辖区环境质量作为考核政府主要领导人工作的重要内容"；2005 年，《国务院关于落实科学发展观加强环境保护的决定》针对地方政府环保责任做出强调，明确提出："地方人民政府主要领导和有关部门主要负责人是本行政区域和本系统环境保护的第一责任人"；2011 年，"十二五"规划突破性地提出："实行环境保护'一票否决'制"，并"制定生态文明建设指标体系，将其纳入地方各级人民政府政绩考核"。从"依据之一"变为"重要内容"，再变为"第一责任人"，之后又创造性地提出"一票否决"制度。中央对环境保护的重视程度逐渐提高，并在加大各级政府环保政绩考核力度的同时，也逐步丰富和完善了中国官员考核体系。

此外，中央对环保政绩考核态度的改变也可从历届版本的《党政领导干部选拔任用工作条例》中得以体现。由表 3-2 可知，与 1995 年和 2002 年版本相比，2014 年修订版本首次提出把生态文明建设纳入考核评价的重要内容之中。而相比 2014 年版本中提出的"把有质量、有效益、可持续的经济发展和民生改善、社会和谐进步、文化建设、生态文明建设、党的建设等作为考核评价的重要内容"，2019 年版本进一步明确：

"把经济建设、政治建设、文化建设、社会建设、生态文明建设和党的建设等情况作为考察评价的重要内容"，并提出统筹推进"五位一体"总体布局。环境保护在中国地方官员政绩考核体系中占据越来越重要的地位。

表3-2 《党政领导干部选拔任用工作条例》各版本有关官员政绩考核要求变化

1995 年版	2002 年版	2014 年版	2019 年版
第十七条考察党政领导干部人选，必须依据干部选拔任用条件和不同领导职务的要求，全面考察其德、能、勤、绩，注重考察工作实绩	第二十一条考察党政领导职务拟任人选，必须依据干部选拔任用条件和不同领导职务的职责要求，全面考察其德、能、勤、绩、廉，注重考察工作实绩。各级党委（党组）根据不同领导职务的职责要求，制定具体考察标准	第二十七条考察党政领导职务拟任人选，必须依据干部选拔任用条件和不同领导职务的职责要求，全面考察其德、能、绩、廉……注重考察工作实绩，深入了解履行岗位职责、推动和服务科学发展的实际成效。考察地方党政领导班子成员应当把有质量、有效益、可持续的经济发展和民生改善、社会和谐进步、文化建设、生态文明建设、党的建设等作为考核评价的重要内容，更重视劳动就业、居民收入、科技创新、教育文化、社会保障、卫生健康等的考核，强化约束性指标考核，加大资源消耗、环境保护、消化产能过剩、安全生产、债务状况等指标的权重，防止单纯以经济增长速度评定工作实绩。考察党政工作部门领导干部，应当把执行政策、营造良好发展环境、提供优质公共服务、维护公平正义等作为评价的重要内容……	第二十七条考察党政领导职务拟任人选，必须依据干部选拔任用条件和不同领导职务的职责要求，全面考察其德、能、绩、廉，严把政治观、品行关、能力关、作风关、廉洁关……注重考察工作实绩，围绕贯彻落实党中央重大决策部署，统筹推进"五位一体"总体布局和协调推进"四个全面"战略布局，深入了解履行岗位职责、贯彻新发展理念、推动高质量发展取得的实际成效。考察地方党政领导班子成员，应当把经济建设、政治建设、文化建设、社会建设、生态文明建设和党的建设等情况作为考察评价的重要内容，防止单纯以经济增长速度评定工作实绩。考察党政工作部门领导干部，应当把履行党的建设职责，制定和执行政策、推动改革创新、营造良好发展环境、提供优质公共服务、维护社会公平正义等作为考察评价的重要内容……

伴随着环境保护在地方官员考核体系中地位的不断上升，地方政府也对环境保护工作愈加重视。郑思齐等（Zheng et al.，2014）指出，中央和公众对环境保护重视程度的上升会促使地方官员更加注重环境保护工作，进而提高环境质量。许成钢（Xu，2011）研究发现，在"十一五"规划

设立地方政府各项环境目标后，地区二氧化硫（SO_2）排放量大幅度下降。同时，环境污染目标责任制的推行也能够显著降低地区温室气体排放（Chen et al.，2018）。这主要是因为将环境指标提升为政绩考核"硬指标"，实施"一票否决"可以从政治上激励政策执行者，引入多目标激励机制后可以有效提升地方官员的环境保护关注度（张克中等，2011；冉冉，2013），从而有利于地方环境治理。

2018年，全国生态环境保护大会上习近平总书记提出，"各地区各部门坚决担负起生态文明建设的政治责任"，要"建设一支生态环境保护铁军，守护好生态文明的绿色长城"，充分突出了环境规制以及规制机构对协同打好污染防治攻坚战和生态文明建设持久战的重要作用。纵观中国环境保护的发展历程可以发现，环境保护工作逐步完善。在此过程中，中国官员政绩考核体系也发生巨大变化。从以经济评定政绩到"不再以GDP论英雄""建造生态环境保护铁军"，从责任制到"一票否决"制，环境保护与官员晋升、评优等联系愈加紧密。环境保护已经成为实现中国经济高质量发展局面的重要工具。

3.1.3　两控区政策的具体实践

为了控制环境污染，国家环境保护总局于1998年规划了酸雨控制区或者二氧化硫污染控制区，其包括175个地级以上城市和地区，约占国土面积的11.4%①，通过属地管理的形式进行污染控制。并在当时提出分阶段的控制目标：一是到2000年要遏制酸雨和二氧化硫污染恶化的趋势；二是到2010年使酸雨和二氧化硫污染状况明显好转。并提出到2000年，二氧化硫的工业污染源达标排放，实现二氧化硫排放总量控制的目标；预期到2010年，二氧化硫排放总量控制在2000年排放水平以内。后续在2000年公布的"两控区酸雨和二氧化硫污染防治'十五'计划"中，政府明确提出，到2005年，两控区内二氧化硫排放量较2000年减少

---

① 援引自中华人民共和国生态环境部：https：//www. mee. gov. cn/gkml/zj/wj/200910/t20091022_172128. html。

20%，酸雨污染程度有所减轻的规划，并为此制定了分省二氧化硫排放总量控制指标。

从政策污染治理效果来看，两控区政策并未实现其"十五"规划原定目标。对此，国家环境保护总局给出的解释是，在经济增长的大形势下，能源需求超过预期，污染治理项目建设缓慢以及电力需求紧张，关停燃煤机组的计划并未达成等情况造成了原定目标难以达到的窘境。但在后续的"十一五"规划中，政府提出"十五"期间，中国主要在两控区内实施二氧化硫排放总量控制，取得了一定的成效。但是由于新建火电厂大量分布在两控区外，二氧化硫排放格局发生了很大变化，需要将控制范围扩大到全国。在一定程度上终结了两控区政策的实施。虽然在污染治理上，两控区政策并未实现既定目标，但依旧引发了经济领域的一系列变化。

为此，本章以两控区政策目标城市为环境规制的代理变量，分析政绩导向转变前后波特效应的动态变化。具体而言，本章定义两控区目标城市为1，非两控区目标城市为0，并未区分酸雨和二氧化硫控制区。这是因为在两控区政策制定过程中，国家认定酸雨和二氧化硫污染都严重的南方城市，不划入二氧化硫控制区，划入酸雨控制区。为此，若对不同的控制区进行区分，很可能会造成二氧化硫控制区样本的遗漏。此外，就本章的研究目的而言，进行区分也并非必要，酸雨和二氧化硫控制区并不会在影响机制上存在过大差异。为加强样本间的可比性，本章共选取265个城市作为研究样本，具体包括4个直辖市和261个地级市。

3.2 命令控制型环境规制影响的关键因素与实证设计

3.2.1 命令控制型环境规制政策实施与企业创新

中央政府于1998年通过划分酸雨控制区和二氧化硫污染控制区（两控区）来实现环境规制的差别化与区域管理，并于2003年探索新的政府官员考核标准与考核机制①，给地方政府环境规制执行带来显著影响（Jefferson et al.，2013；李胜兰等，2014）。考虑到政绩考核机制关系到地方政府环境规制的制定、实施和监督行为，并且能切实反映出环境规制执行力差异（李胜兰等，2014）。结合波特效应的相关理论，本章意图探究政绩导向转变如何影响波特效应实现，以及哪些因素会加剧或削弱这一影响，进而实现既要"绿水青山"又要"金山银山"的美好愿景。

环境规制与企业创新关系的讨论由来已久。有学者研究认为，环境规制会加大企业运营成本，减缓其生产率增长（Jaffe et al.，1995）。但波特（Porter，1991）以及波特和范德林德（Porter and Van der Linde，1995）基于案例分析发现，严格且适宜的环境规制能够激励企业发展和采用新的生产技术组合，继而提高企业生产率和竞争力，以至于完全抵消环境管制的成本，即波特效应。其中，对波特效应的解读主要从三个方面展开（Jaffe and Palmer，1997）：首先，窄（narrow）视角下的波特效应，即环境规制主要着力于产出而非过程，一定形式的环境规制能够激励企业创新；其次，弱（weak）视角下的波特效应，即环境规制会促进某种形式的创新，且这种创新主要目的是降低企业遵循成本；最后，强（strong）视角下的波特效应，这一视角下，贾菲和帕尔默（Jaffe and Palmer，1997）放松了企业追求自身利润最大化的假设，认为规制可能会诱导企业开拓思想，以寻求新的工艺或产品。也就是说，环境规制在某种意义上将为企业提供

①　采用这一时间节点是因为：一方面，在 2002 年，中共中央颁布了《党政领导干部选拔任用工作条例》，突出了民主推荐、科学考察、党委集体讨论决定、纪律监督等重要环节，使官员考核任用程序更为科学民主。随后在 2003 年，胡锦涛分别于 4 月 15 日、7 月 1 日、7 月 28 日、8 月 28 日至 9 月 1 日以及 10 月 14 日多次提及这一概念（来自新华网的报道：http：//news. xinhuanet. com/politics/2012 - 08/27/c_123633316. htm），可以认为，2003 年是科学发展观的形成之年。另一方面，中组部、人事部等有关部门曾于 1999 年、2002 年和 2003 年会同原国家环保总局，积极探索将环保指标纳入政府官员考核体系中。环保考核内容作为社会发展和精神文明建设中的一项考核内容，具体要求是：实行环境建设和经济建设同步规划、同步实施、同步发展，有效治理和逐步减少环境与水资源污染。综上，本章认为，中央政府是于 2003 年对各级地方政府及其主要官员的政绩考核体系中加入了"科学发展"和"生态文明"的因素。此外，也有报道认为，从科学发展观开始，新的政府官员考核标准与考核机制开始探索（来自中国环境报的报道：http：//www. fozone. org/index. php？option = com_content&view = article&id = 481：2014 - 03 - 20 - 10 - 27 - 40&catid = 41：timenewsreport&Itemid = 55）。

"免费午餐"，有利于改进社会福利。

然而，基于中国数据的实证检验结果却莫衷一是（王海和尹俊雅，2016）。一方面，可能是因为环境规制指标衡量的不精确。现有研究主要以环境规制政策、治污投资比重、治污设施运行费用、人均收入水平、规制机构检查监督次数以及污染排放量六个指标作为环境规制的代理变量（张成等，2011）。虽然研究做到了具体问题具体分析，但与环境规制政策相比，其他指标的精确性难以保障（李树和陈刚，2013）。另一方面，可能是因为现有研究忽视了环境规制执行力的影响。由于环境规制会提高企业遵循成本，短期不利于企业利润增长，因而，地方政府有维护辖区内企业的动机，这可能使得环境规制政策难有成效。

基于这些考虑，本章着重探究政绩导向转变后两控区政策给企业全要素生产率（TFP）造成的影响，以此揭示环境规制的波特效应触发机制。并在此基础上，本章进一步研究了政府执政效率、政策执行稳定性可能产生的影响。从回归结果来看，中国环境规制的波特效应与地方政府环保执行力存在关联。与现有文献相比，本章主要存在以下贡献：本章补充了李树和陈刚（2013）对中国书面法律无效论观点的驳斥，通过经验证据证明了环境规制政策在地方经济发展中所具备的重要作用，并认为书面法律执行的关键在于如何把地方政府的行为激励"搞对"，而非政策自身。同时，本章的研究结论佐证了"新常态"下环境规制与反腐败进程同步推进的合理性。

3.2.2　政绩考核机制转变的影响

梳理现有文献可知，环境规制政策的最终作用方向受到方方面面的影响（见图3－2）。从环境规制政策的制定路线来看，全国人民代表大会和中央政府制定大的环境规制政策方向。各省（自治区、直辖市）和国务院批准的较大市的人民代表大会及其常务委员会，以及各省（自治区、直辖市）人民政府所在地的市人民代表大会及其常务委员会，都可以依据当地的实际情况和需要制定和颁布地方法规（张华，2016；李树和翁卫国，

2014）。可以预见，环境规制政策的制定是多方博弈的结果，并且会因此影响到企业的动态应对。从波特效应的作用逻辑考衡，不难发现，环境规制政策的设计与最终的实施效果休戚相关。那么，什么样的环境规制政策将有利于企业发展？波特效应的制约因素又有哪些？这些便成为一个亟待回答的问题。

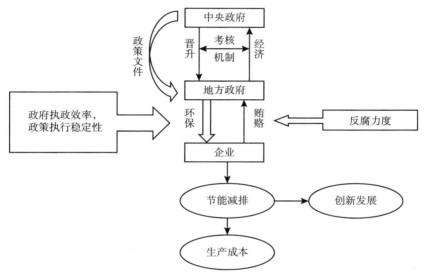

图 3 - 2　环境政策变化趋势

在现实经济运行过程中，环境规制政策的目的性较强，难以兼顾到方方面面。但中国环境规制政策的波特效应值得期待。一方面，与发达国家相比，中国技术发展提升空间很大，技术市场存在大量易得机遇；另一方面，中国政府的公信力发挥着重要作用。中国企业的投资方向一向具有"跟着政策走"的明显特点，因此，环境规制政策也可能成为引领企业创新的新契机。

然而，从相关研究结论而言，中国环境规制的波特效应发挥并不存在统一的研究结论。单就两控区政策来说，赫林和庞塞特（Hering and Poncet，2014）研究发现，两控区政策的实施会强烈抑制目标城市内企业的出口行为，并在民企中表现得尤为显著。而杰弗森等（Jefferson et al.，2013）研究发现，两控区政策有利于企业利润的提升。对此，一个可能的解释是，在考虑政策自身异质性的同时，对环境规制执行力影响的研究有待提升。因为从中国环境规制政策的执行路径（中央政策出台—地方政府执行—企业调整应对）来看，地方政府作为环境规制的"枢纽"，其决策倾向不仅关系到中央政策的贯彻落实，也会影响企业的投资方向。尤其伴随着分税制改革的逐步推进，地方经济发展的方向和质量越发与地方官员的决策导向密切相关。有关中国经济增长的研究越来越多地将地方官员行为加以考虑。为此，有必要对地方官员决策倾向的激励机制进行思考。

从中国地方官员政绩考核体系的演变路径来看，中国逐渐摒弃了以GDP增速、投资规模和财政税收等反映经济数量和增长速度作为考核指标的模式，开始注重地区经济发展质量。其中，在1995年，中央组织部制定的《县（市）党委、政府领导班子工作实绩考核试行标准》就经济建设等方面对县（市）党委、政府领导班子工作实绩进行定性和定量考核。其后在2002年，《党政领导干部选拔任用工作条例》的颁布实施，使官员考核任用程序更为科学民主。中央并于2003年着重提出坚持以人为本，树立全面、协调、可持续的科学发展观，开始探索新的政绩考核机制。这一开创性的工作在后续政绩考核机制完善过程中得以逐步落实。如2005年召开的绿色GDP考核办法座谈会，"十一五"和"十二五"规划通过实施约束性污染控制，将总量控制指标完成情况与地方政府官员的政绩相挂钩，以及《中共中央关于全面深化改革若干重大问题的决定》所呼吁建立的生态环境损害责任终身追究制等。

毫无疑问，政绩导向的转变会影响地方官员决策，进而影响环境规制执行力。一方面，在原有政绩考核机制下，由于以GDP为核心制度的制约，地方政府对环境规制政策存在"选择性执行"的可能。这种选择性落实、象征性执行的行为会影响企业的发展方式。而与前期相比，2003年以后的环境规制可能更为严格。客观上使得企业可能承受更强的环保压力，进而调整其投资决策，诱发企业创新行为。另一方面，对企业而言，中央发展理念的转变可能也会体现在产品需求上。作为市场主体，企业的绿色创新动机也会因此而得到加强。总体上来说，当中央政府出台相应环境政策时，地方官员会根据自身利益函数选择性执行。在原有政绩考核机制下，过度的环境规制可能会造成辖区经济的短期损害。但伴随着政绩导向的转变，环境问题逐步成为影响地方官员晋升的重要一环。地方官员可能会因此加大环境执法力度，进而促成波特效应发挥，促进企业创新发展。本章将对这一影响进行研究。

3.2.3　地方政府行为的影响

虽然政策导向转变会对地方政府的环境规制行为产生影响，但这一影响可能也会受到地区法治环境等因素的干预。政府执政效率与政策执行的稳定性都可能会影响环境规制的波特效应发挥。其中，政府执政效率这一指标能在一定程度上反映出地方政府的"懒政"行为。在经济运行中，地方官员是否"勤政"关系到中央政策的落实强度、速度，进而对企业决策造成影响。而当地方官员出现更替时，原有政策的执行存在不确定性，地区企业的环保压力会因此得以改变，进而影响环境规制波特效应的发挥。本章将对此进行研究。

3.2.4　数据来源与变量选择

3.2.4.1　企业创新定义和测算

企业创新的衡量存在多种手段。有学者从企业创新产出着手，采取新产品销售收入、专利数以及无形资产等形式衡量（肖兴志和王海，2015）；也有学者基于企业技术水平进行描述，这其中较为常见的便是企业全要素生产率。为契合本章研究主题，本章使用企业全要素生产率（TFP）来指代企业创新，样本区间为 1999～2005 年[①]。具体数据来源于中国工业企业

---

① 　之所以数据并未更新到当前，是因为两控区政策并未持续存在，若加以更新，可能会造成估计偏误。

数据库 1998~2005 年的面板数据，在测算前，本章按照布兰特等（Brandt et al.，2012）、杨汝岱（2015）以及毛其淋和盛斌（2013）等的方法对该数据库进行基本处理。具体手段为剔除重复样本，删除异常值，并以 1998 年为基期，利用工业生产者出厂价格指数及固定资产投资价格指数对相关指标进行价格平减。对于企业层面固定资本存量的核算，本章依据鲁晓东和连玉君（2012）等的构建方式，通过永续盘存法计算企业层面的投资和资本存量。并且，根据盖庆恩等（2015）对工业增加值缺失的补充方法，即工业增加值 = 工业总产值 - 中间投入 + 增值税，来补全部分缺失的工业增加值，实际得出企业层面的面板数据。

在具体实证研究过程中，对于 TFP 的计算，本章主要通过 OP 法（Olley and Pakes，1992）和 LP 法（Levinsohn and Petrin，2000）进行交叉验证。与现有文献相同，本章也主要以 OP 法的计算结果为基准进行分析，将 LP 法的计算结果作适当的稳健性讨论。与其他方法相比，OP 法假定企业根据当前生产状况作出投资决策，以企业的当前投资作为不可观测 TFP 冲击的代理变量，从而缓解了同时性偏差问题。相对而言，OP 法测算 TFP 不仅解决了要素投入的内生问题，还可以缓解样本选择问题，而 LP 法则以中间品投入指标为代理变量进行 TFP 估计。总体来看，两种方法并不存在本质区别，只有方法论上的差异。

3.2.4.2 其他变量设计说明

1. 行业污染密集度

从波特效应的作用机制来看，环境规制对企业的影响可能存在行业差异。赫林和庞塞特（Hering and Poncet，2014）的研究表明，对于污染更为严重的行业，两控区政策实施的影响更加明显。为此，本章按照杰弗森等（Jefferson et al.，2013）的设计思路，采用该行业占全国污染总排放的比例来进行衡量，为了避免行业污染差异会受两控区政策实施的影响，本章以 1995 年的相关产业数据来表示行业污染密集度，其中二氧化硫（SO_2）采用了 1996 年的数据。具体指标分为行业 SO_2 排放（吨）、碳消费（万吨）所占比例，由此得到行业 SO_2 排放程度、行业碳消费程度两个指标可供分析。以期从不同角度得到稳健的实证答案。

2. 地区反腐败力度

如前所言，地区腐败形势可能会影响环境规制的波特效应发挥，因而有必要对其加以分析。现有研究普遍使用公职人员职务犯罪立案数除以各地区公职人员数量来指代腐败相关问题，但对于这一指标的解读，却存在两种不同意见：聂辉华和王梦琦（2014）、范子英（2013）以及董斌和托尔格勒（Dong and Torgler，2013）倾向于将此视为地区腐败程度的衡量指标。因为各地区检察机关均受地方政府和中央政府的双重管理，并且以中央政府垂直领导为主。因此，并不能认为地区的反腐败力度存在持续差异（聂辉华和王梦琦，2014），且这一指标暗合国际组织所用的"腐败感知指数"。而张军等（2007）认为，该数据所反映的是各地区反腐败的力度，而非腐败程度本身。单就指标本身而言，本章更为支持张军等（2007）的观点。因为法律具有心理威慑效应，职务犯罪披露后能够给其余政府官员起到警示作用，更符合反腐败的意义。

3. 政府执政效率

政府执政效率关系到政策的实施效果，吕炜和王伟同（2008）研究认为，政府效率在诸多方面受到了体制性的制约，其主要体现在政府行政管理效率、公共服务资金管理效率以及对政府政策的驾驭能力等方面。从波特效应的作用逻辑来看，环境规制政策最终还需地方政府来落实，有必要对政府执政效率加以思考。为此，本章以 2005 年世界银行对中国 120 个城市（共 12400 家公司）的调查问卷为样本，选取企业与政府之间的时间长度为指标来衡量政府执政效率。

4. 政策执行的稳定性

诸多研究表明，地方官员更替会对辖区经济发展造成显著影响。从实践意义来说，地方官员的执政倾向会影响中央政策的最终落实。环境规制政策更是如此，为提高地区 GDP，地方政府官员具有以环境为代价促进辖区经济增长的动力。但这也可能会因地方官员更替产生变动影响，为此，我们也对市委书记更替这一因素加以考虑。

此外，为确保回归结果的精确性，本章还引入一系列控制变量，具体从企业自身和企业所在地区两个层面着手。前者包括企业年龄（*age*）和企业规模（*size*），地区层面的异质性主要以人均 GDP（*pgdp*）来表示。具体变量的描述性统计部分见表 3 - 3。

表 3 - 3　　　　　　　　主要研究变量的描述性统计

变量名	变量简单说明	均值	方差	最小值	最大值
ln*tfp_op*	OP 法测算的 TFP 的对数	0.4186	0.6942	- 8.3271	10.1409
ln*tfp_lp*	LP 法测算的 TFP 的对数	7.3314	1.2041	- 1.7292	14.1593
SO_2	行业 SO_2 排放程度	0.0193	0.0278	0	0.0794
coal	行业碳消费程度	0.0218	0.0326	0	0.0975
time	政府执政效率	57.850	20.218	8.100	129.800
corrupt	地区反腐败力度	32.776	9.596	5.826	139.016
age	企业年龄	10.3737	10.5157	0	56
size	企业规模	4.9997	1.1261	2.1972	11.6106
pgdp	人均 GDP	2.6577	2.9679	0.1889	27.2133
change	政策执行的稳定性	以市委书记更替来衡量，市委书记当年发生更替为 1，否则为 0			
TCZ	两控区政策目标城市	两控区政策目标城市为 1，否则为 0			
trans	政绩导向转变	政绩导向已经转变为 1，否则为 0			

3.3　命令控制型环境规制与企业创新：以两控区政策为例

虽然已有研究对中国环境规制的波特效应进行了多方位解读，但仍未得出统一的结论。如前所言，本章认为，一方面，是因为环境规制的衡量手段难以统一，且存在无法避免的内生性问题，进而影响波特效应的中国应用解读；另一方面，忽视环境规制执行力的影响，割裂地去思考环境规制的波特效应这一行为并不可取。为解决这些问题，本章以两控区目标城市为基础，探究政绩导向转变带来的影响，以及有哪些因素会加剧或削弱这一作用。

3.3.1 两控区政策与企业创新

考虑到地方官员的决策倾向受政绩考核机制的影响，政绩导向变动前后地方官员的决策倾向应有所变动。理论上，伴随着政绩考核机制的不断完善，地方官员环境执法趋于严格，进而有利于环境规制的波特效应的发挥。为了验证这一思想，本章首先构建式（3－1）进行回归分析。

$$y_{it} = \beta_0 + \beta_1 TCZ_j + X_{it} + \varepsilon_{it} \qquad (3-1)$$

其中，i 为企业；t 为时间；y 为企业 TFP 的对数，指代企业创新；TCZ 为是否为两控区目标城市的虚拟变量；X_{it} 为其他可能影响波特效应发挥的变量，具体包括企业个体异质性、时间效应以及相应控制变量；ε_{it} 为相应残差项。在分析两控区政策实施效果的基础上，本章继续探讨 2003 年政绩导向转变带来的影响，为此构建式（3－2）[①]：

$$y_{it} = \beta_0 + \beta_1 TCZ_j \times trans_t + X_{it} + \varepsilon_{it} \qquad (3-2)$$

其中，式（3－2）的变量定义与式（3－1）类似，$trans$ 为虚拟变量，2003 年之前数值为 0，之后数值为 1。从表 3－4 可以看出，两控区政策会抑制企业创新，但 2003 年政绩导向的转变使得环境规制对企业创新的影响由"制约"变为"促进"。这可能是由地方政府所面临的考评标准发生转变所造成的。《党政领导干部选拔任用工作条例》所注重的"科学民主"，结合科学发展观这一战略思想可能会使得地方政府对环境问题更为"用心"，进而有利于波特效应的发挥。从 2003 年前后两控区目标城市企业创新态势来看（见图 3－3），存在这一可能。

---

　① 虽然与双重差分模型的构建思维类似，但本章在此并未构建双重差分模型进行回归。本章考察的并非"两控区"政策的影响力，而是 2003 年前后"两控区"目标城市的差异作为。

表 3 - 4 　　　　　　　　　　环境规制与企业创新

解释变量	被解释变量			
	$\ln tfp\_op$			
	（1）	（2）	（3）	（4）
TCZ	- 0. 2761 * （0. 1533）	- 0. 2762 * （0. 1534）		
$TCZ \times trans$			0. 0284 *** （0. 0090）	0. 0307 *** （0. 0092）
age		0. 0015 *** （0. 0004）		0. 0015 *** （0. 0004）
size		- 0. 0328 *** （0. 0039）		- 0. 0330 *** （0. 0039）
pgdp		- 0. 0012 （0. 0022）		- 0. 0025 （0. 0022）
常数项	0. 6875 *** （0. 1288）	0. 8377 *** （0. 1302）	0. 4556 （0. 0042）	0. 6086 *** （0. 0197）
企业效应	控制	控制	控制	控制
时间效应	控制	控制	控制	控制
样本量	325625	324820	325625	324820
R^2	0. 0016	0. 0023	0. 0017	0. 0024

注：括号中为相应标准误，*** 、** 、* 分别表示在 1%、5% 和 10% 的显著性水平上显著。下同。

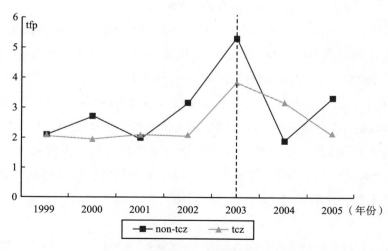

图 3 - 3 　两控区政策影响的动态变化

从回归结果的显著性来看，两控区的政策实施以及 2003 年政绩导向的转变都对企业创新产生显著影响。具体来看，环境规制对企业创新的影响因 2003 年政绩导向转变完成由负到正的演变（由 −0.28 转变为 0.03），且这一促进作用通过了 1% 的显著性检验。由此可以明确，政绩导向转变确实影响了地方官员的决策思维，证明波特效应的发挥会受到政绩考核机制的影响。总体上看，本章得出了与李胜兰等（2014）类似的结论，即地方政府在环境规制的制定和实施过程中，存在逐底竞争的可能。政绩考核体系的逐步完善促使环境规制由相互"模仿"转为独立"实施"。在模型的控制变量方面，企业年龄（age）越大，越可能在环境规制下取得创新突破，而企业规模（size）越大，反而不利于其创新发展，总体上与本章预想较为相符。

3.3.2　环境规制与企业创新：是否存在行业间差异

由于不同行业的发展状况并不相同，环境规制所造成的影响可能存在行业差异。当行业生产较为"清洁"时，环境规制的加强并不会对行业内的企业造成明显影响。而对污染密集型产业而言，环境规制所造成的影响可能会更加显著。为此，本章按照杰弗森等（Jefferson et al.，2013）的模型设计来进行回归分析，意在探究政绩导向转变对不同污染密集型行业的波特效应所可能造成的差异影响，见式（3−3）。

$$y_{ijct} = \beta_0 + \beta_1 TCZ_j \times exposure_c \times trans_t + \nu_{jt} + \eta_{ct} + \varepsilon_{ijct} \qquad (3-3)$$

其中，y_{ijct} 为企业创新发展（TFP），i 为企业，j 为城市，t 为时间，c 为行业差异。exposure 分为两个方面：分别是二氧化硫排放程度（SO_2）、行业碳消费程度（coal）。与杰弗森等（Jefferson et al.，2013）类似，本章也采取了两控区政策实施前的行业污染密集度来体现行业异质性。其余变量与式（3−1）、式（3−2）定义较为类似，在此不再赘述。在实证回归过程中，为控制城市自身随着时间的发展以及产业随着时间所可能发生的改变，本章引入城市时间联合固定效应（ν_{jt}）以及产业时间联合固定效应（η_{ct}）来加以控制。模型的具体回归结果在表 3−5 中已给出。

表 3 – 5 环境规制与企业创新：是否存在行业间差异

解释变量	被解释变量	
	lntfp_op	
	(1)	(2)
$SO_2 \times TCZ \times trans$	0.3184 * (0.1636)	
$coal \times TCZ \times trans$		0.2046[b] (0.1405)
常数项	– 0.1962 (0.3746)	– 0.1962 (0.3746)
城市时间联合效应	控制	控制
产业时间联合效应	控制	控制
样本量	325371	325371
R^2	0.0757	0.0756

注：b 表示变量系数 t 检验的 p 值介于 10% 和 15%。下同。

从表 3 – 5 的回归结果可以看出，环境规制对污染密集型产业的影响更为明显。具体表现为：二氧化硫排放与碳消费更为密集的行业更能够促进企业创新发展，尽管后者的 p 值为 0.14，但也能在一定程度上反映出行业差异所造成的影响。一方面，表明环境规制的波特效应的发挥会受到政策导向的影响；另一方面，这也佐证了本章研究结论的准确性，即这种政策导向的转变所带来的正向影响确实是通过环境规制得以实现的。

3.3.3 环境规制与企业创新：是否存在企业性质差异

国有企业发展具有很强的特殊性。由于在经济发展形式上坚持公有制为主体的发展布局，一方面，国有企业具备"企业"属性，在创新决策上受到利益、企业家精神等动力的驱使；另一方面，国有企业的"国有"性质又决定了其创新动力来源于国家任务、社会责任等因素（李政和陆寅宏，2014），这种企业性和公共性的结合构成了国有企业的"二重性"（宋晶和孟德芳，2012；肖兴志和王海，2015）。诸多研究表明，由于中国国有企业所承受的战略性或社会性"政策负担"，政府难以精确区分企业亏损的根源。国有企业发展因此具有很明显的预算软约束特征（林毅夫和李志赟，2004）。

此外，国有企业"二重性"的本质使得其在管理模式上遵守严格的科层制组织安排，决策权在上层手中。政策执行的人却没有决策权，这种决策权与信息权的对抗，使得企业决策难以达到最优（肖兴志和王海，2015）。意味着国有企业必须起到带头人的作用，以政策为导向进行企业管理，但这种行为可能与企业自身并不契合，进一步制约了国有企业的创新发展。为此，本章依托模型（3－2）进行国有企业与非国有企业的分类回归，单从表 3－6 中的分组回归结果来看，当政府加强环保考评后，国有企业与非国有企业相比并不占据优势。具体表现为，非国有企业在加强环保政绩考核后显著提升了自身创新能力，而国有企业却表现出负向抑制影响，这与其自身管理上的特殊性存在很大关联。

表 3 –6　　　　　环境规制与企业创新：是否存在企业性质差异

解释变量	被解释变量	
	ln*tfp_op*	
	国有企业	非国有企业
	（1）	（2）
$TCZ \times trans$	-0.0508^{b} （0.0310）	0.0348^{***} （0.0097）
常数项	0.4387^{***} （0.0310）	0.3238^{**} （0.1527）
城市效应	控制	控制
时间效应	控制	控制
企业效应	控制	控制
样本量	33715	290838
R^2	0.0079	0.0019

3.4 地方政府的干预作用分析

在现实经济发展中，鉴于地方政府执政效率以及政策执行稳定性会影响企业对环境规制强度的预期，环境规制的波特效应发挥也因此遭遇掣肘。

3.4.1 环境规制与企业创新：地区反腐败力度差异

通常认为，外部法律环境会对企业创新决策造成显著影响（Edquist，1997；Varsakelis，2001）。尤其对创新型企业而言，相对于其他企业，由于存在较高的公共物品诉求（市场准入、许可证等），往往更容易受影响（Murphy et al.，1993）。如何能准确地衡量地方腐败程度是个难题，也难以获得一个统一的答案。现有文献普遍从公职人员职务犯罪立案数除以各地区公职人员数量来着手分析。在此，本章以此来代表地区反腐败力度。如张军等（2007）所言，政府治理腐败的诚意和力度会提高官员的腐败成本，有助于减少官员腐败的概率。这种腐败成本更多是一种预期成本，当地区腐败立案数越高时，对地区官员的威慑力自然越高。为此本章构建式（3-4）进行分析。

$$y_{ijt} = \beta_0 + \beta_1 TCZ_j \times trans_t \times corrupt_j + \beta_2 TCZ_j \times trans_t + \beta_3 corrupt_j + e_i + \eta_t + c_j + \varepsilon_{it}$$

$$(3-4)$$

其中，e_i 代表企业自身异质性，$corrupt$ 代表该地区反腐败力度，其余变量定义与前文类似。表 3-7 第（1）列的回归结果表明，当地区反腐败力度较大时，波特效应更加明显。究其根源可能为，一方面，严格执行相关环境标准"倒逼"企业创新升级；另一方面，伴随着地区廉洁执法，企业对其自身长期发展和行业内公平竞争更为乐观，可能会为弥补环境规制带来的遵循成本损失，加大研发投入，进而提升自身创新水平，有利于波特效应的发挥。

表 3 – 7　　　　　　　　　地方政府干预分析结果

解释变量	被解释变量		
	$\ln tfp\_op$		
	（1）	（2）	（3）
$TCZ \times trans \times corrupt$	0. 0019 *** (0. 0001)		
$TCZ \times trans \times time$		– 0. 0009 *** (0. 0002)	
$TCZ \times trans \times change$			– 0. 0095 * (0. 0057)
$corrupt$	7. 54e – 06 (0. 0004)		
$time$		– 0. 0146 (0. 0130)	
$change$			0. 0060 (0. 0048)
$TCZ \times trans$	– 0. 0332 ** (0. 0169)	0. 0937 *** (0. 0141)	0. 0192 ** (0. 0092)
常数项	0. 4304 (0. 1521)	1. 4741 * (0. 7891)	0. 5659 *** (0. 0778)
城市效应	控制	控制	控制
企业效应	控制	控制	控制
时间效应	控制	控制	控制
样本量	325625	415332	393323
R^2	0. 0024	0. 0023	0. 0020

3.4.2　环境规制与企业创新：政府执政效率差异

虽然地区反腐败形势会影响地方官员决策，但政府自身执政效率的影响也不容忽视。当地方政府执政效率低下时，即使秉持着科学发展理念，中央政策方针也难以及时落实到位，因此，企业实际所承受的环保压力可能并不大，即政府存在所谓的"庸政、懒政、怠政"问题。这与腐败存在较高的雷同性①，两者都会进一步地制约政策影响。为测算其影响，本章采用 2005 年世界银行对中国 120 个城市（共 12400 家公司）的调查问卷为样本，选取企业与政府打交道的时间长度为指标来衡量政府执政效率（*efficiency*），数值越大，代表政府执政效率越低，并构建式（3 - 5）进行分析。

$$y_{ijt} = \beta_0 + \beta_1 TCZ_j \times trans_t \times efficiency_j + \beta_2 TCZ_j \times trans_t$$
$$+ \beta_3 efficiency_j + e_i + \eta_t + c_j + \varepsilon_{ijt} \qquad (3-5)$$

其中，*efficiency_j* 代表该城市的政府执政效率，从表 3 - 7 第（2）列的回归结果来看，随着与政府打交道的时间加长，政绩导向转变后的环境规制波特作用的发挥受到掣肘，并且这一影响通过 1% 的显著性检验。由此可以明确，政策执政效率低下不仅会降低政府自身公信力，也会对环境规制政策的创新激励作用造成损害。由此，本章认为，切实提高地方政府的执政质量十分必要。

3.4.3　环境规制与企业创新：政策执行稳定性影响

基于前文研究结论不难发现，政绩导向转变后的环境规制变得有利于企业创新发展。这一影响的背后逻辑在于，伴随着政绩导向的转变，地方官员对环境规制更为用心，政策执行力随之加强，并由此激励企业创新。但官员更替影响也需注重。因为从官员考核机制看，1978 年以来，先后形成的有限任期制度和鼓励异地交流的惯例，使官员任期显著影响了官员执政行为及努力程度（张军和高远，2007；王贤彬和徐现祥，2008；曹春方等，2014）。当官员任期过短时，官员执政行为会出现短期化的倾向。这导致官员在上任之初容易推行新的发展路线，即通常所说的"新官上任三把火"（陈艳艳和罗党论，2012）。为此，本章以政府执行的稳定性（*change*）为变量构建式（3 - 6）进行回归检验。

---

① 新华网报道：http://news.xinhuanet.com/politics/2015 - 04/07/c_127664221.htm。国务院总理李克强认为有些地方确实出现了"为官不为"的现象，庸政、懒政同样是腐败。

$$y_{ijt} = \beta_0 + \beta_1 TCZ_j \times trans_t \times change_j + \beta_2 TCZ_j \times trans_t + \beta_3 change_j + e_i + \eta_t + c_j + \varepsilon_{ijt}$$

$$(3-6)$$

其中，$change_j$ 代表该城市地方政府执行政策的稳定性。

3.5 命令控制型环境规制影响的再检验

3.5.1 基于 TFP 指标的再测算

在前文回归分析中，本章一直采用 OP 法对企业的 TFP 进行测算。为了避免研究结论受指标构建的影响。在此，本章给出了基于 LP 法测算的 TFP 的相应回归结果。由表 3-8 可以看出，基于不同测算方法的模型回归结果并未产生较大差异，都通过了 1% 的显著性检验。由此可以明确，本章的回归结果是稳健可信的。这也预示着，波特效应能否实现与政绩考核机制确实存在关联。

表 3-8　　　　　　　　基于 LP 测算方法的再检验

解释变量	被解释变量	
	lntfp_lp	
	（1）	（2）
$TCZ \times trans$	0.0433 *** （0.0098）	0.0431 *** （0.0098）
常数项	6.7393 *** （0.1635）	6.8784 *** （0.0045）
城市效应	控制	—
企业效应	控制	控制
时间效应	控制	控制
样本量	325625	325625
R^2	0.0988	0.0983

3.5.2　两控区政策的内生性思考

由于两控区政策在制定之初综合考虑了以下因素：酸雨控制区需满足现状监测降水 PH ≤ 4.5，硫沉降超过临界负荷以及二氧化硫排放量较大。二氧化硫污染控制区则是在近年来环境空气二氧化硫的年平均浓度超过国家二级标准、日平均浓度超过国家三级标准以及二氧化硫排放量较大的区域。这就可能引致一个现象，即具备一定工业基础的地区被选作两控区，地区创新发展与两控区目标城市选择存在双向因果联系。为了解决这一问题，本章选择地区平均日照时数（sun）作为两控区目标城市的工具变量。因为在阳光照射下，二氧化硫会氧化为三氧化硫，随即与水蒸气结合成硫酸，进而形成硫酸盐气溶胶，造成酸雨等危害，基于 logit 模型的回归结果也佐证了这一机制。在变量处理过程中，为避免工具变量受政策实施的影响，本章选取了 1991～1996 年该城市的平均日照时长（sun）作为两控区政策的工具变量，日照时长数据来自中国气象数据网。由于该数据集为中国 194 个基本、基准地面气象观测站及自动站，而非城市层面的相关气候数据，本章将这一数据中的城市和两控区政策实施中的城市与工业企业数据库进行匹配。为确保工具变量的准确性，本章忽略了县级以及匹配不上的地级市的气候数据。

从基本的回归结果来看，该工具变量通过了识别不足检验与弱工具变量检验（见表 3 - 9），工具变量的选取具备一定的合理性，能在一定程度上缓解两控区目标城市潜在的内生性问题。基于工具变量的回归结果如表 3 - 10 所示。从表 3 - 10 可以看出，政绩导向转变确实会对环境规制的波特效应发挥造成正向影响。本章的结果是可信的。值得一提的是，虽然在工具变量回归下，交叉项的系数较之前有大幅度提高，一方面，可能是因为工具变量的构建并不妥善；另一方面，与本章对数据匹配过程中的样本损失可能也有一定关系。综合前文分析，本章认为，两控区政策的实施给地方经济发展造成了显著影响，伴随着对官员政绩考核体系的改善，环境规制变得有利于企业创新进步。

表 3－9   **工具变量检验**

工具变量	TCZ
sun	0.00001 *** (2.50e－06)
识别不足检验	33.0590 ***
弱工具变量检验	54.1970 ***

表 3－10   **工具变量回归结果**

解释变量	被解释变量
	lntfp_op
	IV 结果
$TCZ \times trans$	3.0127 *** (0.9014)
城市效应	控制
行业效应	控制
时间效应	控制
样本量	109039
R^2	0.0467

3.5.3　基于"十一五"规划影响的再检验

由前可知，本章研究发现，政绩导向转变后的环境规制将有利于企业创新发展。这也意味着，波特效应的发挥与地方政府的执政行为存在较大关联，为了佐证这一观点，探究命令控制型环境规制政策是否也将产生同等影响，本章进一步以"十一五"规划环境规制目标为标准进行研究。值得注意的是，与两控区不同，"十一五"期间，中国政府通过污染排放指标分解的方式对各个地区减排目标进行了划定。并进一步将"十一五"期间的主要污染物减排目标确立为约束性指标，将其完成情况与地方政府官员的政绩考核体系相挂钩，环境规制效果明显。"十一五"期间，中国二氧化硫排放量减少了 14.29%[1]，电力、非金属矿物制品、黑色金属冶炼行业二氧化硫排放强度分别下降 72.5%、58.1% 和 50%，超额完成了规划目标。环境规制强度也有所提升，有报道指出，"十一五"期间，共查处违法企业 8 万多家，取缔关闭 7294 家。中央财政安排环保预算资金也有所提升，较"十五"期间增加了 78.7 亿元[2]。这些因素对地区企业发展也会产生显著影响[3]。与前保持一致，本章进一步以"十一五"期间各省二氧化硫目标额度为环境规制的指代变量进行回归分析。研究结果如表 3 – 11 所示。

表 3 – 11　　　　　　　　　　　基于"十一五"规划的再检验

解释变量	被解释变量
	$\ln tfp\_op$
	（1）
SO_2	0.0012 *** （0.0004）
常数项	0.5644 *** （0.0362）
省份效应	控制
时间效应	控制
行业效应	控制
样本量	534965
R^2	0.0487

实证结果表明："十一五"规划对企业创新发展产生了显著为正的激励作用，且这一影响在统计上通过了 1% 的显著性检验。由此，一方面，

---

① 援引自中华人民共和国中央人民政府网：http://www.gov.cn/gzdt/2011 – 09/27/content_1957502.htm。

② 援引自中国人大网：http://www.npc.gov.cn/zgrdw/huiyi/cwh/1123/2011 – 10/26/content_1676824.htm。

③ 本章认为，"十一五"规划总量控制手段与政绩考核体系转变后的环境规制存在一定的类似性。

可以认定，就当前而言，若想环境规制能够起到积极稳健的创新激励作用，地方政府的重视必不可少。这是因为，地方政府重视与否关系到环境规制政策是否能够落实，政策的"最后一公里"较政策本身更为紧要。另一方面，这里的研究也佐证了前文研究结论的准确性。政绩导向转变后的两控区政策实施确实将有利于波特效应的发挥。因此，中国在改革过程中，应当注重对地方官员行为激励的设计。

3.6　本章小结

在环境问题日益严峻的形势下，中国中央政府出台的一系列环境规制政策在一定程度上遏制了环境恶化，但也因此给企业发展带来影响。从现有文献来看，环境规制给企业创新造成何种影响的结论并不一致。一个可能原因在于，现有文献忽视了地方政府政策执行力的影响。1998 年，中国采取两控区政策实现了环境规制的差别化与区域管理，并于 2003 年在各级地方政府及其主要官员的政绩考核体系中加入了"科学发展"和"生态文明"因素。这一体系的转变为分析政绩考核机制对波特效应实现的影响提供了良好基础。为此，本章以两控区政策目标城市作为环境规制的衡量指标，探究波特效应的实现机制。研究发现，伴随着环境规制执行力的提高，波特效应逐渐明显。考虑内生性、衡量误差等因素后，这一结论依旧成立。进一步分析发现，环境规制执行力的影响还受到多重外部因素的制约。其中，地区反腐败力度和地方政府执政效率与波特效应存在正向关系，不稳定性不利于波特效应的发挥。本章研究结论不仅有利于梳理近年来环境规制政策的制定逻辑及其可能造成的影响，还将为当下"中国新一轮改革"提供政策支持与建议。

从本章的实证检验结果来看，当简单地以 GDP 为核心来考量地方官员的政绩水平时，环境规制给企业造成的遵循成本损失高于波特效应作用，企业创新发展裹足不前。与之相比，将"科学发展"和"生态文明"纳入地方官员政绩层面考核时，环境规制显著刺激了企业创新进步。这表明，政绩导向转变改变了地方官员的效用函数，地方政府在引领地区经济发展时，不再简单地以环境为代价粗放式地推动经济增长，企业发展方向由此发生改变，即企业不能再简单地依靠现有技术实现其经营利润，推动技术创新发展成为其最佳选择。从实践意义上来看，这一结论一方面佐证了中国书面法律的有效性，另一方面也为地方官员政绩考核机制的继续完善提供了理论支撑。

此外，本章还发现，政绩导向转变后的波特效应的发挥存在行业类型和企业性质差异。从回归结果可知，政绩导向转变后污染密集型行业的波特效应更加明显，这是因为较之其他企业，污染密集型行业更容易受环境政策的约束影响。但鉴于污染密集型行业的薄弱技术基础，是否因为其后发优势造成行业波特效应更加明显值得进一步探讨。不仅如此，较之其他性质企业，国有企业并未在波特效应发挥上占据优势。为此，有必要进一步推动国有企业深化改革，才能让国有企业在新的环保局势下，成为企业创新的"排头兵"。

虽然本章研究发现，政绩导向的转变有利于波特效应的发挥，但这一作用可能会受到多种因素的制约。首先，由于国家大力推进反腐倡廉工作，腐败成本随之提高，一定程度上有利于转变企业的发展思维，在环保压力下寻求创新突破；其次，地方政府作为政策推行的主力军，伴随其执政效率的提高，环保任务能够更好、更快地落实到企业层面，企业也会因此对未来市场形成预期，加强自身能力建设；最后，政策执行的稳定性会影响政绩导向变迁的作用发挥，进而影响企业创新发展。为此，中国政府应当在完善地方官员政绩考核体系的同时，继续推动反腐败建设，加快政府效率改革，避免官员频繁更替，让中国企业在环保浪潮中占据创新先机。总体来看，中国地方政府有能力达成环境规制与企业创新发展"双赢"的局面。若想既要"绿水青山"又要"金山银山"，关键在于如何给予其适当的激励，把地方官员的行为激励做好、做对可能才是中国下一步政策规划的重点。

值得一提的是，本章数据样本显得有些"陈旧"，基于两控区政策的研究对当下环境规制政策的制定和实施仍具有很高的指导意义。这是因为与"十一五""十二五"规划相比，两控区政策存在很强的特殊性，其既定节能减排目标并未实现，相对而言，是一项较弱的环境规制。本章的研究则为如何让较弱的环境规制也能实现波特效应提供了答案。

第 4 章

市场激励型政策的影响：
基于排污权交易机制的分析

4.1 引　　言

  党的十九大报告中指出，未来中国要继续坚持推进生态文明建设和绿色发展。自 2007 年党的十七大提出要"建设生态文明，基本形成节约能源资源和保护生态环境的产业结构、增长方式、消费模式"以来，中国政府越发重视保护生态环境，制定了涵盖命令控制型、市场激励型以及其他临时性在内的环境规制政策体系。但是，这些政策在一定程度上并未达成理想目标，环境污染问题也已成为经济高质量发展之路上的重要阻碍。因此，环境污染与经济发展所形成的反差，折射出中国规制政策进一步完善的紧迫性。习近平总书记多次指出，既要"绿水青山"，也要"金山银山"。如何制定合理有效的环境规制政策以平衡环境保护和经济发展便成为中国经济社会体制改革过程中难以回避的难题。从环境规制政策演变进程来看，中国的环境规制政策呈现出由命令控制型转为市场激励型的态势（王海和丁徐轶，2018）。排污费征收、排污权交易机制等市场激励型环境规制工具的运用及其效果也愈发受到各界关注。参考王海和丁徐轶（2018）的研究，本章重点关注排污权交易机制与企业利润间呈现波特效应还是挤出效应，以期为中国环境规制政策改革建言献策。

  环境规制与经济发展之间的关系一直都是国内外学者关注的焦点。诸多学者认为，如果政府加强环境规制，企业为了达到环保标准将会加大污染治理投资，这会提高企业成本，减少企业利润。斯蒂芬斯和丹尼森（Stephens and Denison，1981）通过研究美国环境规制政策与企业生产率之间的关系发现，当时的环境规制使得美国企业生产率下降了 16%。戈洛普和罗伯特（Gollop and Robert，1983）发现，美国在 1973～1979 年对 56 家电力企业实施的二氧化硫排放限制政策，使得这些企业的生产率增长受到明显限制。具体来说，为降低二氧化硫排放量，企业被迫使用低硫煤开展生产活动，导致企业生产总成本有所上升，最终使得电力产业全要素生产率平均下降了 0.59%。乔根森和威尔科克森（Jorgenson and Wilcoxen，1990）分析 1973～1985 年美国环境规制与经济增长间的关联发现，与没有环境规制时的国民生产总值（GNP）相比，美国的 GNP 水平下降了 2.59%，且上述影响在化工、石油、黑色金属以及纸浆和造纸等污染型产业中表现得更为明显，环境规制显著降低了这类产业的市场绩效和产业竞争力。格雷（Gray，1987）对美国 1958～1980 年 450 个制造业的环境和健康安全规制对生产率水平和增长率的影响进行了实证研究，发现两种社会性规制导致产业生产率增长降低了 0.57%。巴贝拉和麦康纳尔（Barbera and Mcconnell，1990）考察了 1960～1980 年环境规制对美国非金属矿物制品、有色金属、钢铁、化工以及造纸等产业经济绩效的影响，结果显示，污染治理投资使得这些产业的生产率下降了 10%～30%。

但波特（Porter，1991）认为，严格且适宜的环境规制能够激励企业发展和采用新的生产技术组合，继而提高企业的生产率和竞争力，甚至完全抵消了环境规制的成本，即波特效应。部分研究也证实了波特效应存在的可能性。如穆尔蒂和库玛尔（Murty and Kumar，2003）发现，随着环境规制强度的上升，厂商的技术效率有所提高。库奥斯曼恩等（Kuosmanen et al.，2009）运用环境成本收益分析（ELBA）方法研究了环境规制的经济效应，结果表明，环境规制的影响具有时间差异，长期污染治理计划在耗费较高成本的同时，获得的收益往往也是长期的，相应的短期污染治理计划虽面临较小的成本，其污染治理效果和收益通常并不持久，存在"治标不治本"的可能。

在理论分析的基础上，博伊德和麦克利兰（Boyd and McClelland，1999）利用谢泼德距离函数法直接测算了环境规制可能引致的效率损失，发现波特效应假说争论的两种观点都是有理可依的。因此，环境规制与经济发展间存在何种关联尚存争议。在关于环境规制的研究中，诸多学者已然证实了规制政策在环境污染治理等方面的积极效果，也对其潜在的缺陷给予理论解读。但中国作为世界上最大的发展中国家，探索波特效应在中国情境下能否实现不仅有利于丰富现有文献，也将为中国实现经济可持续高质量发展提供重要的政策建议。

回顾中国环境规制政策的发展历程，排污权交易机制在环境规制政策体系中逐渐占据更为重要的地位。从其内涵来看，排污权交易机制主要利用市场价格机制来调控企业污染物的排放总量，通过向企业发放一定数量的排污许可证，并允许各个许可证持有者购买或者出售许可证来控制排污总量。从其实践历程来看，2002年3月，国家环境保护总局和美国环保协会将山东、山西、江苏和河南四省，上海、天津、柳州三市以及中国华能集团公司作为试点，在中国开展了排污权交易项目的第二阶段试验，进行二氧化硫排放总量控制及排污权交易的示范工作（简称"4+3+1"项目），但效果依旧未能令人满意，柳州市已进行的排污权交易数量屈指可数，天津市和上海市仅完成了调研和交易方案制定等前期工作，山东省和河南省排污权交易试点工作尚无实质性进展（王婧和涂正革，2009）。随着排污权交易试点工作的不断推进，2007年，中国将排污权交易机制的试点范围扩大至江苏省、天津市等11个省市，交易量也随之上升。这在一定程度上缓解了地区的环境压力，但存在一个潜在的问题：这种排污权交易机制是否会损害企业利益，因而不利于地区经济增长？在此背景下，如何做到鱼与熊掌兼得，做到经济发展的同时又保护环境，甚至以环境保护带动经济发展，做到既有"金山银山"，又有"绿水青山"，是当今社会十分关注的问题。本章就将以排污权交易机制为切入点探讨环境规制政策能否触发波特效应。

4.2　环境规制的经济影响：文献评述

梳理文献发现，现有关于环境规制的经济影响存在多重解读。但其本质上仍是实现挤出效应还是波特效应的问题。就挤出效应的视角而言，环境规制和经济发展是相互对立的，实施环境规制在一定程度上不利于经济发展。从波特效应的视角来看，政府能够平衡环境规制和经济发展之间存在的矛盾，在利用环境规制改善地区生态环境的同时，激励企业实现技术进步与创新发展。此外，有学者发现，波特效应能否实现可能会受到外部因素的干扰，如企业会从环境规制力度较强地区迁往环境规制力度较弱地区，因此，环境规制实施所触发的波特效应或将有所削弱（金刚和沈坤荣，2018）。

在现有文献中，关于波特效应触发机制的研究主要从以下两个方向展开。其一，环境规制通过改进企业技术促进创新发展。契帕迪叶和德泽乌（Xepapadeas and Zeeuw，1999）认为，环境规制通过促使企业研究和改进清洁技术，起到巩固企业技术核心地位的作用。皮克曼（Pickman，1998）研究发现，污染控制支出增加了企业相关环境专利数量，对企业创新发展存在显著影响。其二，规制政策落实有助于优化企业决策（Brännlund and Lundgren，2009），即环境规制在一定程度上缓解了管理层在公司治理过程中的负面效应。如可以改善企业的组织惰性，降低企业管理者为自己"谋利汲租"的可能（Ambec et al.，2013），使企业明确并把握发展目标。由于企业进行技术改进创新的成本发生在当期，而项目收益在未来，这会导致企业没有足够的动力进行技术创新。环境规制可以克服上述问题，并有利于企业长远技术发展（Ambec and Barla，2006；Ambec et al.，2013）。

对于中国环境规制对企业发展的影响，现有研究结论莫衷一是。部分学者认为，环境规制抑制了企业创新；也有学者认为，尽管环境规制政策会增加企业额外成本，但也会激活企业创新动力，进而提高企业生产率

（黄德春和刘志彪，2006；蒋伏心等，2013；张海玲，2019）；还有学者认为，这两者并没有显著关系（吴清，2011）。由于不同国家或地区在环境规制、经济增长方式、政策等方面存在明显差异，难以得出环境规制与技术创新之间的明确关系。为检验波特效应在中国情境中能否实现，部分学者展开实证研究。如李强和聂锐（2009）以及胡建辉（2016）研究发现，环境规制能对技术创新、产业升级起到一定积极影响。还有研究发现，环境规制对不同污染程度行业的影响也有所差异。余东华和胡亚男（2016）发现，相比于其他行业，环境规制政策显著抑制了重污染行业的创新发展，提高了中度污染行业的创新能力，其对轻度污染行业创新能力的影响呈现明显"U"型关系。总体来看，中国环境规制政策的影响方向并不明确，仍有待于进一步挖掘与分析。

事实上，波特效应能否实现还与规制强度存在关联。张同斌（2017）研究发现，在经历了环境规制对经济发展产生的负面影响之后，高强度的环境规制能够激发污染型企业的"创新补偿"效应，逐渐释放环境规制红利；而较弱的环境规制不足以刺激污染型企业进行技术创新，因此，不能促进长期经济发展。于同申和张成（2010）发现，环境规制强度对地区经济增长率存在显著正向影响，且这一影响在长期更为明显。长期内企业为执行政府环境规制政策而付出的遵循成本得到抵消，企业利润率与竞争力也随之上升。基于地区层面的检验结果同样证实了这一结论。朱沁瑶（2017）结合 1995~2015 年江西省数据分析发现，加大环境规制力度能够提高区域技术创新能力，且对地区经济发展存在显著正向影响。同样，环境规制强度的增加还对东部地区就业产生显著促进影响（蒋勇，2017）。

环境规制的经济影响还存在地区和企业层面的异质性表现。在地区层面，黄金枝和曲文阳（2019）结合东北地区的相关数据分析了环境规制与城市全要素生产率及经济增长的关系。研究发现，环境规制直接提高了东北地区城市全要素生产率与创新效率，从而对经济发展起到推动作用。在企业层面，相比于其他企业，国有企业倾向于顺应环境规制政策的引导方向，提升自身的技术创新水平（冯宗宪和贾楠亭，2021），而其他企业或将受制于自身资金约束而难以实现创新发展。且环境规制对企业创新的影

响还可能受到企业所在地区经济发展水平、自身能源消耗等因素的影响
（王雪宇和刘芹，2019）。

　　在此基础上，陈玉龙和石慧（2017）提出，环境规制强度对工业绿色
全要素生产率的影响存在一定的"拐点"或"区间"。环境规制强度只有
在跨越特定的门槛值时，才能呈现波特效应（沈能和刘凤朝，2012）。在
东部与中部地区，环境规制强度对企业生产技术进步率的影响呈"U"型
关系（张成等，2011），即并不是环境规制强度越大就越有效。随着环境
规制强度的增加，技术创新水平呈现出先降低后提高的趋势（刘伟和薛
景，2015）。王杰和刘斌（2014）研究表明，环境规制与企业全要素生产
率之间为倒"N"型关系。当环境规制强度较低时，企业创新动力明显不
足；当环境规制强度较高时，企业难以承受过高的成本支出。这两种情况
均会显著降低企业全要素生产率，因而，合适的环境规制强度区间是环境
规制触发波特效应的重要前提。部分学者基于绿色创新的研究也发现了类
似结论。如张倩和曲世友（2014）发现，企业绿色技术采纳程度与环境规
制政策强度呈现倒"U"型关系。在拐点之后，由于绿色技术所具有的成
本优势有所不足，企业反而缺乏动力，通过加大绿色技术研发投入来减少
污染排放量。

　　前文更多地围绕环境规制及其强度探讨环境规制能否触发波特效应，
但值得注意的是，中国的环境规制政策体系涵盖多种不同类型的政策工
具，因而，探索不同环境规制政策的潜在差异影响也具有一定的现实意
义。张平等（2016）通过门限回归方法研究发现，不同类型的环境规制对
企业技术创新产生不同的影响：费用型环境规制因其占用企业原本用作技
术开发的资金用以支付环境费用，对企业技术创新产生挤出效应；投资型
环境规制则可以通过一次投资而使企业以后免受罚款等处罚，从而对企业
技术革新产生波特效应。郭进（2019）基于省际面板数据的考察发现，排
污费征收制度和环境保护财政支出的提高均有助于推动企业绿色技术创
新，而严厉的行政处罚对其起阻碍作用。

　　在不同环境规制的分类方面，康志勇等（2019）进一步将环境规制政
策分为行政命令型、市场激励型与公众自主参与型，并发现相比于市场激

励型环境规制政策，行政命令型与公众自主参与型环境规制政策在促进企业创新的同时，提高了企业产品的出口竞争力。但与之不同的是，于连超等（2019）基于环境税这一市场激励型环境规制政策发现，环境规制有助于促进企业绿色创新。也有学者将环境规制分为正式环境规制政策与非正式环境规制政策，并结合其强度变化发现，正式环境规制政策对技术创新的影响存在明显倒"N"型关系，即存在最优环境规制强度区间；而非正式环境规制政策对技术创新的影响会随着环境规制强度的上升而削弱。

总体上，现有研究基于多重数据、多种方法识别了环境规制对企业发展的影响，然而，相应政策建议针对性却不是很强。一方面，与研究结论并不统一存在关联；另一方面，对于政府究竟应如何去做缺乏经验支撑。换言之，在中国现有环境规制政策体系框架中，中国政府应当侧重实施市场激励型环境规制政策还是命令控制型环境规制政策仍悬而未决。前者包括排污权交易、排污许可证等手段；后者则侧重对所有的企业采取同样的环境规制目标。拉诺伊等（Lanoie et al.，2011）对比研究认为，与命令控制型环境规制政策相比，市场激励型环境规制政策更能够激励企业创新，企业也能通过技术发展来降低环境标准提高带来的经济损失。贾瑞跃等（2013）基于企业生产技术进步指数的研究证明了命令控制型手段的作用并不十分明显，而市场激励型政策对推动生产技术进步有显著作用。与之相悖的是，涂正革和谌仁俊（2015）研究发现，排污权交易机制并不利于实现波特效应。但仍需注意到，排污权交易机制在中国环境规制政策体系中占据着愈发重要的地位。伴随着经济步入高质量发展阶段，中国更加注重运用市场机制实现资源的优化配置。在此背景下，具有明显市场特征的排污权交易机制能否赢取"绿水青山"与"金山银山"的"双赢"值得我们探讨。

4.3 数据来源与描述性统计

为研究排污权交易机制如何影响企业利润增长，结合数据可得性等因素，本章基于政策文本收集整理及中国工业企业数据库进行实证研究。其中，排污权交易机制（*deal*）主要以企业是否位于政策试点地区来衡量。地区政策试点后定义为1，否则为0。具体来说，2002年开始试行二氧化硫排污权交易的天津、山西、上海、江苏、山东、河南、柳州构成了本章的政策处理组，其余未进行二氧化硫排污权交易机制试点的地区构成了控制组。

企业利润数据来源于中国工业企业数据库1998～2007年的面板数据，在测算前，本章按照布兰特等（Brandt et al.，2012）、杨汝岱（2015）、毛其淋和盛斌（2013）等的方法对该数据库进行了基本处理。具体为剔除重复样本，删除异常值，并以1998年为基期，利用工业生产者出厂价格指数及固定资产投资价格指数对相关指标进行价格平减。

对于企业层面的固定资本存量的核算，本章依据鲁晓东和连玉君（2012）等的构建方式，通过永续盘存法计算企业层面的投资和资本存量①。进一步，根据盖庆恩等（2015）对工业增加值缺失的补充方法，即工业增加值＝工业总产值－中间投入＋增值税，本章对部分缺失的工业增加值进行补全，最终得到1999～2007年企业层面面板数据。

为避免遗漏变量导致变量间关系的错误解读，本章还引入一系列控制变量。具体包括企业年龄（*age*）、地区外资比例（*FDI*）、地区财政支出（*expend*）及地区失业率（*UE*）。

4.3.1 企业年龄（*age*）

本章以样本所在年份减去企业成立年份表征企业年龄。通常来说，经营年限越长的企业具有更为严重的路径依赖问题。其可能因组织规模庞大

---

① 永续盘存法是会计核算的一种盘存方法，又称账面盘存制。在明细账目中，对产品、商品、材料、物资等各项存货的增加和减少都连续记录，以便可以随时了解结存数。这种明细记录可以是与仓库的存货卡（材料、产品等）平行设置的存货明细账，也可以利用仓库存货卡中的数量记录，由会计人员定期去仓库收存货的收、发凭证并进行核对，而后对存货卡上登记的收、发、结存数量进行计价，把仓库的存货卡和会计部门的存货明细账合二为一。采用永续盘存制，有利于加强财产管理，但永续盘存制只能提供一个账面存数，而要查明是否账实相符，仍需定期进行实地盘点。

而丧失创新动力，因而，表现出市场竞争力不足等问题。因此，企业年龄可能与企业利润存在负向关联。

4.3.2　地区外资比例（*FDI*）

地方政府竞争是探讨企业利润的重要影响因素，而外资是地方政府招商引资的重点对象，地区间围绕外资展开的资本竞争更加激烈。具体来说，受到关系、人情网络等因素的影响，内资竞争较多受到外部因素的干扰。相对内资竞争，外资则更单纯地关注利润及优惠条件，在对待外资时，区域间的竞争基础相对较公平。与此同时，外资进入也可能有助于当地企业实现更好发展，以此获得更高利润。

4.3.3　地区财政支出（*expend*）

具体使用各省市人均预算内本级财政支出与中央人均预算内本级财政支出之比来进行衡量。一般而言，地方财政支出通常与地方对市场的干预力度存在正向关联（毛其淋等，2012；刘修岩等，2013；杨钧等，2017）。现有研究表明，政府可通过扩大财政支出来促进地区经济增长（严成樑等，2016）。但不可避免的是，地方政府干预程度越高，可能会导致企业"无所适从"，进而在经营活动中受到更多外部制约。因此，地区财政支出的提高可能不利于企业利润增长。

4.3.4　地区失业率（*UE*）

结合柯布－道格拉斯生产函数来看，劳动力是影响企业利润的关键因素。在地区层面，若地区具有较高的失业率，企业或将面临劳动力供给不足、高技能人才欠缺等困境，直接制约企业利润增长。因此，我们也将地区失业率作为控制变量，并引入回归模型中展开分析。

变量的描述性统计分析如表4－1所示。

表 4 - 1　　　　　　　　　　　变量的描述性统计

变量名	变量含义	样本量	均值	方差	最小值	最大值
lprofit	企业利润的对数	451474	6.8416	1.9819	0.0000	16.7216
age	企业年龄	524265	9.5978	9.6675	0.0000	58.0000
FDI	地区外资比例	524108	0.1200	0.0876	0.0001	0.3027
UE	地区失业率	524108	3.7577	0.6277	0.8000	6.5000
expend	地区财政支出	524108	3.5269	2.4399	1.0782	13.7953
lnl	企业雇员数量	524265	4.9328	1.1154	2.1972	12.1450
lninv	企业投资力度	524265	6.8669	2.0890	- 11.1153	17.1254
invest	企业投资额	524265	8590.5270	100287.5000	0.0000	27400000
wage	员工工资额	524265	4695.9780	30402.4400	0.0000	7210385
deal	企业所在地实施了排污权交易机制，则量化为1，否则为0。					

资料来源：经笔者整理所得。

4.4　估计策略与回归结果

本章重点研究排污权交易机制对企业利润的影响，以期在甄别排污权交易机制能否实现波特效应的同时，为中国环境规制政策体系的完善提供经验证据。在具体实证过程中，参照已有研究，本章构建以下模型进行回归检验。

$$lprofit_{it} = \beta_0 + \beta_1 deal_{it} + \theta Z_{it} + \varepsilon_{it} \qquad (4-1)$$

其中，*lprofit* 为企业利润额的对数；*deal* 为虚拟变量，若企业所在地区当年已是试点地区，定义为1，否则为0；i 代表企业；t 代表年份；Z 为其余控制变量，具体包括企业年龄（*age*）、地区外资比例（*FDI*）、地区失业率（*UE*）、地区财政支出（*expend*）等变量。在实证回归过程中，本章还对地区效应、时间效应及行业效应进行了控制。回归结果如表 4 - 2 所示。

表 4－2   排污权交易机制对企业利润的影响分析

解释变量	被解释变量			
	lprofit		*profit*	
	(1)	(2)	(3)	(4)
deal	0.0730 *** (0.0127)	0.0680 *** (0.0132)	3662.2953 *** (561.1187)	3980.9636 *** (593.0428)
age		− 0.0016 *** (0.0006)		− 147.4708 *** (26.0543)
FDI		1.2080 *** (0.0953)		− 10848.4940 ** (4277.9722)
UE		− 0.0187 ** (0.0082)		− 333.8778 (364.8718)
expend		− 0.1206 *** (0.0064)		291.2619 (285.3321)
常数项	6.5761 *** (0.7487)	7.2614 *** (0.6756)	90176.3384 ** (44219.3850)	95230.3631 ** (41375.5949)
地区效应	控制	控制	控制	控制
时间效应	控制	控制	控制	控制
行业效应	控制	控制	控制	控制
样本量	451474	451344	524265	524108
R^2	0.1405	0.1424	0.0122	0.0124

结果表明，排污权交易机制（*deal*）有助于企业利润增长，且这一系数在统计上通过 1% 的显著性检验，这也说明，排污权交易机制将触发波特效应，提升企业利润。伴随着排污权交易试点城市范围的不断扩大，地区在利用这一市场激励型环境规制政策改善地区环境的同时，也能改善企业的经营绩效，实现环境保护与经济发展的"双赢"局面。尽管涂正革和谌仁俊（2015）发现排污权交易机制并未提高工业总产值，但本章基于企业利润视角得出的结论表明，排污权交易机制具有触发波特效应的可能，

这也为我们理解中国环境规制政策的经济影响提供良好思路。

此外，从表 4 - 2 中的第（2）列的控制变量结果可以看出，企业年龄（*age*）与企业利润的对数（*lprofit*）存在明显负向关联，这也与我们的预期相符合。伴随着企业年龄的不断增长，企业在经营过程中越发难以摆脱路径依赖困境，进而致使利润额不断下降。地区外资比例（*FDI*）引致企业利润的对数有所增长。一方面，地区外资比例越高，意味着地区所吸引的外资越多，而外资可以通过溢出效应、示范效应以及竞争效应等渠道助推当地企业实现更好发展（江锦凡，2004）。另一方面，在以外资为核心的资本竞争中，吸引外资更多的地方政府也具有为地区企业创造良好发展环境的经济实力，这也有助于提高企业利润。进一步，本章还发现，地区失业率（*UE*）、地区财政支出（*expend*）与企业利润的对数（*lprofit*）存在负向关系。更高的地区失业率意味着企业的劳动力供给有所不足，人力资本的有限性直接制约企业利润的增长。而政府财政支出比例越高，意味着地区政府更高的干预力度，这就使得企业在经营活动中可能并不具备较大自主权，企业利润增长受限。总体上，变量系数符合预期，进一步佐证了本章研究结论的准确性。

表 4 - 2 的回归结果表明，排污权交易机制有利于企业提升利润。随之而来的问题则在于排污权交易机制如何影响企业利润。虽然已有研究从多重角度佐证了波特效应触发机制，但上述机制是否适用于中国尚不明确。因此，参照已有研究，本章分别从资本和劳动双重角度构建实证模型以甄别排污权交易机制的影响路径，进而为更好地发挥排污权交易机制的作用提供经验证据。出于这一考虑，本章分别以企业投资力度（ln*inv*）和企业雇员数量（ln*l*）为被解释变量，重新构建回归方程进行分析。其中，企业投资利用企业投资额的对数来量化，企业雇员数量利用企业员工数的对数来度量。具体回归结果如表 4 - 3 所示。其中，表 4 - 3 中的第（1）列、第（2）列重在分析排污权交易机制对企业投资的影响，第（3）列、第（4）列则在于分析排污权交易机制对企业劳动力的影响。

表 4 - 3　　　　　　　　　　排污权交易机制的影响路径识别

解释变量	被解释变量			
	lninv		lnl	
	(1)	(2)	(3)	(4)
deal	0.1518 *** (0.0173)	0.1394 *** (0.0183)	− 0.0301 *** (0.0043)	− 0.0278 *** (0.0045)
age		− 0.0017 ** (0.0008)		0.0039 *** (0.0002)
FDI		0.5841 *** (0.1322)		− 0.0209 (0.0324)
UE		− 0.0116 (0.0113)		− 0.0080 *** (0.0028)
expend		− 0.0332 *** (0.0088)		− 0.0013 (0.0022)
常数项	6.8364 *** (1.3665)	7.2946 *** (1.2783)	6.3511 *** (0.3354)	6.3335 *** (0.3136)
地区效应	控制	控制	控制	控制
时间效应	控制	控制	控制	控制
行业效应	控制	控制	控制	控制
样本量	524265	524108	524265	524108
R^2	0.0263	0.0265	0.0534	0.0549

回归结果表明，排污权交易机制（deal）在提升企业投资力度（lninv）的同时，降低企业雇员数量（lnl），且上述影响分别通过了1%的显著性检验。这一结论喻示着，排污权交易机制有效提高了企业投资力度，有利于制造业企业高级化，进而实现由劳动密集型向资本密集型企业转型。在控制变量方面，对企业投资而言，企业年龄（age）越大，越发缺乏投资动力；地区外资比例（FDI）有利于企业投资力度加大，存在"鲶鱼效应"的可能；地区政府支出（expend）依旧存在负向影响。这意味着，对企业发展而言，政府过度干预将不利于企业加大投资力度。党的十九大报告再次重申，使市场在资源配置中起决定性作用，更好发挥政府作用。如何更

好发挥政府作用值得进一步的探索。

而对企业劳动力投资而言，排污权交易机制存在负向影响，表 4 - 3 中的第（3）列、第（4）列系数皆显著为负，且上述影响在统计上通过了 1% 的显著性检验。在此明确，排污权交易机制将促使企业减少劳动力使用量，转而加大资本投资额度。在控制变量方面，企业年龄（age）越大，越发依赖劳动力资本，这与机构"臃肿"存在关联。地区失业率（UE）与企业雇员数量存在负向关系。

为佐证上述结论，本章进一步构建变量投资工资比（$invest\_wage$）重新进行回归检验。该变量重在验证排污权交易机制促使企业加大了资本还是劳动力投资额，回归方程参照式（4 - 1）。在具体回归过程中，本章依旧对相应控制变量及地区效应、时间效应和行业效应进行控制。基本回归结果如表 4 - 4 所示。从表 4 - 4 中的第（1）列、第（2）列可知，排污权交易机制对投资工资比存在正向影响，这意味着，相对于劳动力投资，排污权交易机制更有助于企业加大资本投资。控制变量系数大致与前文相同，显著性水平存在一定变化。其中，地区失业率（UE）对投资工资比（$invest\_wage$）依旧存在显著负向影响，这在佐证前文表 4 - 3 研究结论稳健可信的同时，也为排污权交易机制如何影响企业利润提供了机制解释。

表 4 - 4　　　　　　排污权交易机制的影响路径的再识别

解释变量	被解释变量	
	$invest\_wage$	
	（1）	（2）
$deal$	0. 9182 ** (0. 4314)	0. 7417[b] (0. 4560)
age		- 0. 0096 (0. 0200)
FDI		3. 7868 (3. 2889)
UE		- 1. 5428 *** (0. 2806)

续表

解释变量	被解释变量	
	invest_wage	
	（1）	（2）
expend		0. 0853 （0. 2194）
常数项	− 13. 8105 （33. 9940）	− 10. 1357 （31. 8082）
地区效应	控制	控制
时间效应	控制	控制
行业效应	控制	控制
样本量	524191	524034
R^2	0. 0002	0. 0003

总体上，本章研究表明，排污权交易机制有利于促使企业加大投资，提升企业利润，进而触发波特效应。这意味着，中国当下排污权交易机制试点工作值得推广，政府可考虑在排污费改税的同时，着手推广、实施排污权交易机制，以期为实现"绿水青山"和"金山银山"兼得的双赢局面提供政策支撑。

4.5　本章小结

改革开放 40 多年里，中国经济发展取得了举世瞩目的成就，环境问题也随之而来。在经济下行的压力下，如何实现环境保护与企业发展间的双赢迫切需要理论支撑。对此，学者从多重角度思考环境规制与企业发展间的关联，并得出环境规制会引致波特效应或挤出效应的结论。在这一理论基础上，本章重点分析排污权交易机制对企业利润究竟会产生何种影响？呈现波特效应还是挤出效应？在收集整理排污权交易机制试点城市的基础上，结合中国工业企业数据库，本章研究发现，排污权交易机制能够显著促进企业利润提升。进一步分析发现，排污权交易机制促使企业降低劳动力使用量，转而加大资本投资额度。

总体上，本章研究表明，排污权交易机制能够触发波特效应，而非挤出效应。这一结论还具有明显的政策含义，意味着，中国政府应当尽快落实推广排污权交易机制，并在借鉴发达国家经验的基础上，完善排污权交易机制设计，多措并举地保障排污权交易机制顺利落实。此外，本章还发现，排污权交易机制显著提升了企业投资力度，使其着力于技术研发与改进，当企业技术得以进步时，企业一方面可以减少甚至不缴纳相应的环保税，另一方面也能大大提高其在同类市场中的竞争力，获得更高的经济效益，起到优胜劣汰的作用。由此认为，中国政府应当继续推进排污权交易试点工作，并尽快落实排污权交易政策。当然，在推行过程中，如何科学制定初始排污权分配，在政策实施过程中如何防止信息不对称等问题仍值得进一步的探索。

值得一提的是，中国是世界上最大的发展中国家，虽然环境污染治理刻不容缓，但在环境规制强度上仍需慎重。国家需要的是实现"金山银山"与"绿水青山"兼得的发展局面，而不是将全部精力集中于环保，中国社会最基本的需求依旧是经济发展。因此，在环境规制改革中，环境保护固然重要，但仍应明确改革过程中措施设计的合理性和适用性。本章研究表明，排污权交易机制具备实施波特效应的可能。以排污权交易机制为着力点，可能是激励中国环境规制实现波特效应的"一剂良方"。

本章以排污权交易机制为切入点，证实了排污权交易机制能够显著提高企业利润，这一结果也证实了波特效应在中国情境下确实存在。但更进一步的问题在于，其他市场激励型环境规制政策能否发挥类似作用值得探讨。结合现实来看，排污费征收制度在政策体系中同样占据着重要的地位，以此为切入点展开讨论也具有重要的政策参考价值和现实指导意义。为此，在接下来的两章，本书将分别围绕企业全要素生产率和企业退出行为来探讨排污费征收制度的影响，以期为中国环境规制政策体系实现由命令控制型向市场激励型的转变提供理论支撑。

第 5 章

市场激励型政策的影响：
排污费征收力度与企业 TFP

5.1 引　　言

党的十九大报告指出，要统筹推进生态文明建设、可持续发展战略，并将污染防治工作提到"前所未有"的高度，但部分地区生态环境改善成效仍不稳固。针对现阶段中国的环境污染问题，中国政府制定并出台了涵盖命令控制型和市场激励型等在内的一系列环境规制政策，意图通过提高监管力度来推进环境治理工作。但在环境规制政策的压力下，企业利益也需得到兼顾。如何实现环境保护和企业发展之间的"双赢"已经成为推动中国经济高质量发展的重要议题（涂正革和谌仁俊，2015；王海和尹俊雅，2016）。波特（Porter，1991）指出，严格且适宜的环境规制能够激励企业发展，并促使企业采用新的生产技术组合，继而提高其生产率和竞争力，甚至完全抵消了环境规制的成本（Porter，1991；涂正革和谌仁俊，2015）。因此，探寻环境规制如何影响企业发展具有重要的理论价值与实践意义。

与此同时，作为中国政府强化环境规制的重要工具，排污费备受关注。2018 年，《中华人民共和国环境保护税法》（以下简称《环保税法》）将排污费改为环境保护税，排污费征收力度大幅提升。作为一种市场激励型的环境规制政策，环境保护税制度对企业发展的影响引起了理论界和实务界的广泛关注。考虑到"收费"改为"征税"后，排污费征收力度会大幅度提高的典型事实，本章意图通过对排污费征收力度与企业发展间关系的分析，讨论《环保税法》的潜在影响。黄健和李尧（2018）研究发现，诸多曾经影响排污费征收与效果的因素在未来仍将对环保税的征管造成影响①。基于以上考虑，本章在参考王海等（2019）研究的基础上考察排污费征收力度对企业全要素生产率（TFP）的影响，并进一步分析这一影响的根源所在，以及有哪些因素可能削弱或加剧该影响，以期为《环保税法》改革建言献策。研究发现，伴随着有效排污费征收率的提高，企业发展受到掣肘，考虑内生性等问题后，这一结论依旧成立。这意味着单纯提高排污费征收力度可能会损害地区经济发展水平，《环保税法》应进一步完善。

　　本章其余部分安排如下：第二部分重在分析研究背景；第三部分着重描述实证模型以及相应数据来源和基本水平；第四部分报告了基本实证结果及内生性问题的解决方案；为深入分析研究结果，第五部分主要为进一步讨论；最后总结全章，并据此给出相应政策建议。

5.2　研究背景

5.2.1　环境规制政策的发展脉络

　　回顾中国规制政策的制定历程。1979 年，《环境保护法》开始试行；1982 年，我国正式开始征收排污费以促进企业废水、废气、废渣等污染物排放的达标；1983 年，"环境保护"在第二次全国环保会议中被确立为基本国策；之后几年里，全国人民代表大会及其常委会制定并通过了约 12 项国家性环保法律和行政法规，包括《水污染防治法》《大气污染防治法》

---

　　①　尤为明显的是，"费"改"税"将产生多个利益主体，使得环保税征管单位间、地方政府上下级、环保与税收部门以及政府与公众间产生利益博弈。政府、环保、税收、企业各部门的征管目标冲突，这将在一定程度上阻碍政策的施行（李雪松等，2017）。

《环境噪声污染防治条例》等；1978～1989 年，中国建立了一个从中央到省、市、县的四级政府环境保护组织体系；20 世纪 90 年代，为响应市场经济发展的要求，中国环境规制政策实现重大战略转型，国家相继出台多项以环境税费、补贴、押金—返还、交易许可证、环境标志为代表的政策，并形成了政府统一领导，环境保护行政有关部门各司其职，企业法人承担防治污染责任，广大群众积极参与监督的环境规制体系。

2000～2010 年，随着 GDP 的高速增长，中国能源消费也在逐年增长。为提高能源利用率，国家新颁布了如《水污染防治法实施细则》《清洁生产促进法》《环境影响评价法》《环境保护违法违纪行为处分暂行规定》《环境监测管理办法》等环境规制法规条例。为进一步推进节能减排，发展循环经济，2006 年，国家开始设立五大区域（华东、华南、西北、西南、东北）环境监察机构；2007 年，国务院成立节能减排工作领导小组；2008 年，环境保护总局升格为环境保护部。此外，国务院还批准了《主要污染物总量减排统计办法》《主要污染物总量减排考核办法》《主要污染物总量减排监测办法》等政策文件，并拨款 230 亿元用于节能减排。至此，中国环境规制政策的法规体系基本形成。

2011～2016 年，中国经济正从高速增长转向中高速增长，经济发展方式正从规模速度型的粗放增长转向质量效率型的集约增长。基于此，环境保护部发布《"十二五"全国环境保护法规和环境经济政策建设规划》，进一步完善税费、价格、金融、贸易四个领域的政策规划，健全排污交易和生态补偿两种机制。据统计，这五年间我国以环境财税政策、绿色税费政策、绿色价格政策为主，在绿色投资、绿色财政、绿色资金、绿色信贷、环境污染责任保险、绿色证券、生态补偿、排污权交易、环境污染第三方治理等领域共出台了约 167 份政策文件。

随着大数据时代的来临，信息技术促进企业信息公开，增进环境信息互联互通。与此同时，中国环境规制政策也进行了适时修正，如《中华人民共和国环境保护法》《电力法》《大气污染防治法》等。此外，2011 年以来，中国水污染、大气污染问题突出，生态风险加大，国家在水域治理、空气污染等领域新颁布了多项政策法规，包括《太湖流域管理条例》

《放射性废物安全管理条例》《机动车强制报废标准规定》等。同时，为增强全社会生态环境意识，推进公众有序参与，环境保护部颁布了《全国环境宣传教育工作纲要（2016－2020 年)》《环保举报热线工作管理办法》《环境监察执法证件管理办法》《环境保护公众参与办法》等政策文件。回顾近年环境规制政策可知，中国环境规制政策呈现多元化趋势，政策效果得以持续改进。

5.2.2　排污费制度与企业发展

1979 年 9 月颁布的《环境保护法（试行)》首提排污费制度，其后，国务院分别于 1982 年和 1988 年颁布了《征收排污费暂行办法》和《污染源治理专项基金有偿使用暂行办法》，正式确立了排污收费制度。2002 年 1 月，国务院发布的《排污费征收使用管理条例》进一步强化了排污费的征收和管理。2014 年 9 月，国家发展改革委、财政部、环保部联合发布《关于调整排污费征收标准等有关问题的通知》，排污费的征收标准大幅度上调。2016 年 12 月，《环保税法》立法通过，并于 2018 年 1 月 1 日起正式施行，"收费"改为"征税"之后，排污费征收力度得到进一步加强。

对企业而言，若环境规制强度过小，企业并不会承受环境规制带来的创新压力，原有创新动力不足局面也不会得以改善，排污费征收就存在这样的可能。2003 年，国务院出台了《排污费征收使用管理条例》，实现超标收费向排污费收费、超标双倍收费的形式转变，将未超标的污水收费标准调整为 0.7 元/污染当量，废气排污费收费标准调整为 0.6 元/污染当量。但实际 SO_2 和 COD 有效排污费征收率远未达到法定标准，这可能是由于中国排污费征收尚由企业自行申报导致的。出于控制成本的目的，企业有瞒报、漏报的倾向，排污申报并不规范。而地方为维护辖区企业利益，也会出现随意减免企业排污费等行为。诸多企业宁愿缴纳排污费，也不愿投资建环保设施[①]。排污费政策难以实现波特效应。

---

① 来自人民网的报道：http://cppcc.people.com.cn/n/2014/0911/c34948－25641130.html。

针对这些问题，有学者认为，良好的法制环境会打破地方政府与企业间的"人际网"和"关系网"，降低政企合谋的可能，进而遏制企业非法排污行为（梁平汉和高楠，2014）。公众诉求也会对地方官员行为造成影响，即自下而上的压力也能调整地方政府的决策思维，促使地方政府调整投资方式，缓解城市环境污染。这是因为中央政府不断完善地方官员政绩考核机制，对环保工作的重视度随之提高，有助于遏制官员决策偏离（于文超和何勤英，2013）。本章认为，政策关注力度及公众诉求都会对地方官员行为产生显著影响，进而关系到波特效应触发问题。

5.3 模型构建与数据说明

5.3.1 模型构建

为有效识别排污费征收力度与企业发展间的关联，本章主要构建以下模型进行实证回归检验。

$$y_{it} = \beta_0 + \beta_1 levy\_k_{it} + \theta Z_{it} + \varepsilon_{it} \qquad (5-1)$$

其中，$levy\_k$ 主要包含 $levy\_cod$ 和 $levy\_so_2$，主要指代各自有效排污费征收率；y 为企业发展，以企业 TFP 的对数来衡量；Z_{it} 为控制变量，主要包括企业规模、年龄、资本密集度及地区人均 GDP；ε_{it} 为相应残差项。在实际回归过程中，本章还对地区效应、行业效应以及时间效应进行控制。为探索哪些因素会增强或削弱排污费征收力度对企业发展的影响，本章还引入一系列交互项进行回归分析。涉及交互项的实证回归将主要基于式（5-2）进行研究。

$$y_{it} = \beta_0 + \beta_1 levy\_k_{it} \times cross_{it} + \beta_2 levy\_k_{it} + \beta_3 cross_{it} + \theta Z_{it} + \varepsilon_{it} \quad (5-2)$$

$cross$ 主要指本章所引入的交互项，如前所言，主要包括城市规模（$high$）、是否为政策关注地区（spz）、地区环境法规出台（$rule$）和以信访为代表的公众诉求（$letter$）。在回归过程中，本章也对地区效应、行业效应以及时间效应进行控制。

5.3.2 数据说明

5.3.2.1 企业发展的衡量

本章主要以 TFP 的对数来衡量企业发展，但就如何识别稳健可靠的 TFP 仍存在方法论上的疑问。这是因为企业进行要素投入时，往往综合考虑其 TFP 水平，因而要素投入是内生的。传统的 OLS 估计则要求要素投入为外生变量，这一问题即使控制个体效应也难以解决，生产率冲击依然会影响要素投入决策。为此，本章基于奥利和佩克斯（Olley and Pakes, 1992）提出的半参数估计法（以下简称 OP 法）进行 TFP 测度（$lntfp\_op$）。与其他方法相比，OP 法假定企业根据当前生产状况做出投资决策，以企业的当前投资作为不可观测 TFP 冲击的代理变量，从而缓解了同时性偏差问题。相对而言，OP 法测算 TFP 不仅解决了要素投入的内生问题，也缓解了样本选择问题。

为了契合本章研究主题，本章利用中国工业企业数据库 2000~2007 年制造业企业 TFP 数据进行回归检验[①]。在测算前，本章按照布兰特等（Brandt et al., 2009）的方法对该数据库进行基本处理。具体为剔除重复样本，删除异常值，并以 1998 年为基期，利用工业生产者出厂价格指数及固定资产投资价格指数对相关指标进行价格平减。对于企业层面固定资本存量核算，本章依据鲁晓东和连玉君（2012）的构建方式，通过永续盘存法计算企业层面的投资和资本存量，并根据盖庆恩等（2015）对工业增加

---

① 作为市场激励型环境规制政策的代表，若排污费确实影响企业的发展以及创新投资，那么在排污费占有很高支出的企业中的效应应当最为明显，如制造业企业。通常而言，制造业企业污染排放物较多，排污费随之较高，以制造业样本进行分析相对更能说明问题。也有新闻报道认为："为进一步落实蓝天保卫战，环保政策越来越严，很多中小企业减产、停产甚至关门。在环保督查中，制造业则首当其冲成了重灾区"。"限产、限排、关停、涨价潮笼罩着整个制造业，无数企业直接倒在了环保风口上"。虽然这种理念并不可取，也不符合可持续发展战略。但从侧面证明，制造业对环境规制更为敏感。

值缺失的补充方法，即工业增加值 = 工业总产值 – 中间投入 + 增值税，对部分缺失的工业增加值进行补全，删除新中国成立前成立的企业，实际得出 1999 ~ 2007 年制造业企业面板数据。

5.3.2.2 有效排污费征收率的测算

在《环保税法》实施的大背景下，本章重点关注排污费征收力度与企业发展间的关联，意图为完善《环保税法》提供政策建议。具体将参考金艳红和林立国（Jin and Lin, 2014）的研究，以地区有效排污费征收率作为排污费征收力度的衡量指标。在实际测算过程中，结合数据可得性等因素，本章主要基于工业废水排放、工业废气排放及工业固体废物排放等变量进行测算。其中，工业废水主要包含各地区工业化学需氧量排放量（cod_indus）与各地区工业氨氮排放量（nh_indus）；工业废气则主要通过各地区工业二氧化硫排放量（SO_2_indus）、各地区工业烟尘排放量（$smoke\_indus$）进行测算；工业固体则主要指代各地区工业固体废物排放量（$solid\_indus$）。五项污染的大致排放情况如表 5 – 1 所示。

表 5 – 1　　　　　　　　　　各地区工业污染排放量　　　　　　　　单位：吨

变量名	样本量	均值	方差	最小值	最大值
cod_indus	434	180218.4	196433	234	1222990
nh_indus	434	10828.91	10608.43	0	56869
SO_2_indus	434	605829.5	399212	734	1715362
$smoke\_indus$	434	279275.9	220892.2	720	1223502
$solid\_indus$	434	516637.6	1316249	0	$1.01e + 07$

有效排污费征收率测算主要基于以下方法：因为中国政府并未给出详细的排污费来源数据，本章先由上述五项污染的总排放量折算出污染当量值，按照 2003 年之后的排污收费方法测算出对应的名义排污费额度。再以各项污染的名义排污费计算出各项污染排污费在排污费收费中应占的比例，按此比例将总的实际排污费分解成各项污染对应的排污费。以各地区

SO$_2$ 和 COD 对应的排污费除以其污染当量值，得到有效排污费征收率（Jin and Lin，2014）①。值得注意的是，本章在测算过程中主要关注工业污染排放量，并未考虑生活污染排放情况。在排污费征收来源上只局限于上述五项污染，由于该测算不够全面，可能会导致测算的排污费征收率有所夸大。但由于各地区在排污费征收过程中，在排污费征收对象选择上并不存在持续显著的差异，因此，本章认为，该处所测算的指标能在一定程度上指代各地区有效排污费征收率。实际测算得出 2000～2007 年的有效排污费征收率，如图 5 - 1 所示。可以看出，有效排污费征收率存在明显的地域差异。与非沿海地区相比，沿海地区有效排污费征收率更高；分地域来看，东部有效排污费征收率最高，中部次之，西部最低。这一测算结果与王华

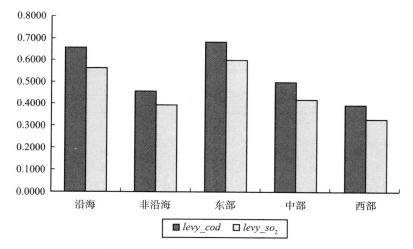

图 5 - 1 有效排污费征收率的地域差异

① 有效排污费征收率基于上述五项指标主要是由于在样本期内的中国环境统计年鉴以及各省份统计年鉴中，工业化学需氧量排放量、工业氨氮排放量、二氧化硫排放量、工业烟尘排放量以及工业固体废物排放量数据统计最为全面。这为本章基于上述样本进行测算提供了坚实的数据基础。而当下环保税对大气污染和水污染中同一排放口分别计算其前三项或前五项污染因子。理论上，我们应以排污费各项污染的前三项或前五项因子来进行测算，但限于数据保密问题，企业层面的具体排污情况本章也无法获知。数据层面的缺失与不完善使得我们目前无法通过这样的测算方式进行有效研究。但讨论认为，各地区排污情况除上述五项污染之外，应该不会存在持续显著的差异。参照现有研究方式和相关学者（Jin et al.，2014）的测算方法，本章最终基于上述五项指标进行测算。在后续研究中，也将积极找寻相关数据，以丰富有效排污费征收率相关问题。

和惠勒（Wang and Wheeler，2000）的研究结论较为一致，即与沿海城市相比，经济发展相对落后的内陆城市的有效排污费征收率偏低①。

5.3.2.3　其他变量

为更精准地研究排污费征收如何影响企业发展，本章引入一些交互项和控制项。

第一，城市规模（*high*）和是否为政策关注地区（*spz*）。前者以是否为副省级城市及省会城市来定义，若是，则定义为 1，否则为 0；后者则主要通过该市是否包括经济特区、高新技术产业发展区、经济技术发展区和出口加工区等政策倾斜地区来定义，若包括，则定义为 1，否则为 0。一般来说，对于产业区位选择来说，城市规模是决定性因素之一。政策关注也将为地区经济发展创造更多契机（尹俊雅和王海，2020）。

第二，地区环境法规出台（*rule*）和以信访为代表的公众诉求（*letter*）。前者以当年颁布地方法规件数来衡量，后者以环境污染信访数来测算。随着环境影响评价制度的完善、环保举报热线的开通以及环境信息公开办法的逐步实施，普通公众参与环境保护工作也有了充分的制度保证。一些环境突发事件的发生与有效解决也说明公众诉求已成为地方政府环境治理决策的重要考量。分析已有文献可以发现，多数文献认为，公众诉求对于推动地区环境治理存在积极影响。王华和惠勒（Wang and Wheeler，2005）对中国 3000 家企业进行了数据分析，研究发现，在那些民众环境投诉越多的地区，企业的排污费征收强度越高。在实证研究中，王华和迪文华（Wang and Di，2002）收集了中国 85 个乡镇的数据，分析得到来自上级政府和辖区公众的压力将促使地方政府加强环境规制并提供更多的环境

---

① 按已有划分惯例，东部主要包括北京、天津、上海、河北、辽宁、吉林、黑龙江、山东、江苏、浙江、福建、广东、海南等地区；中部包括山西、河南、安徽、湖北、江西、湖南等地区；西部包括陕西、四川、云南、贵州、甘肃、青海、重庆、广西、宁夏、西藏、新疆、内蒙古等地区。沿海省份为天津、河北、辽宁、山东、江苏、上海、浙江、福建、广东、海南、广西等地区；非沿海省份为黑龙江、吉林、河南、湖北、湖南、陕西、山西、安徽、四川、云南、贵州、青海、甘肃、江西、北京、重庆、内蒙古、宁夏、新疆、西藏等地区。本章所示柱形图为各个区域的均值数据。

服务的结论。杨瑞龙等（2007）研究发现，财政分权度的提高与地区环境质量存在负向关联，而随着公众环保诉求的增强，地区环境质量能得到显著改善。郑思齐等（2013）利用中国 2004～2009 年 86 个城市的数据证实，较高的公众环保诉求会推动地方政府通过环境治理投资、调整产业结构来改善地区环境，并促使环境库兹涅茨曲线的拐点提前到来。万建香和梅国平（2012）使用群众环境来信来访数衡量公众的环保参与度，发现公众环保参与将有助于社会资本的积累，进而实现经济增长与环境保护的"共赢"。

与此同时，本章还引入一系列控制变量。企业层面的控制变量主要有企业规模、企业年龄以及企业资本密集度。企业规模（size）以当年该企业员工数的对数来测算；企业年龄（age）则为其实际年龄，即以样本企业所在年份与其成立年份之差来度量；资本密集度（kl）主要通过其固定资产净值余额与就业人数之比来度量，以此来控制企业层面的异质性。考虑到中国各城市经济发展水平不一，并会因此影响地区企业生存与发展，本章对企业所在城市的人均 GDP（pgdp）也加以控制。变量的描述性统计如表 5 - 2 所示。

表 5 - 2　　　　　　　　　　　变量描述性统计

变量名	均值	方差	最小值	最大值
lntfp_op	0.4238	0.6928	- 8.3272	10.1409
$rule$	1.7135	1.6506	0	18
$letter$	29581.11	25293.01	24	115392
$size$	4.9291	1.1168	2.1972	12.1450
age	9.6036	9.6887	0	58
kl	79.1441	179.3456	- 10.7241	30237.5
$pgdp$	3.3393	3.7576	0.1889	32.0255
$levy\_cod$	0.3878	0.2997	0.0445	2.5382
$levy\_so_2$	0.3324	0.2569	0.0381	2.1756
$high$	虚拟变量，若为副省级及以上城市则为 1，否则为 0			
spz	虚拟变量，若为政策关注地区则为 1，否则为 0			

5.4   实证结果与讨论

5.4.1   排污费征收力度与企业发展

环境规制对企业发展的影响并无定论。《环保税法》实施的排污费征收力度的提高能否触发波特效应，规避"挤出效应"尚且存疑。为揭示排污费征收力度对企业发展的潜在影响，本章利用有效排污费征收率数据运用模型（5－1）来展开研究，基本回归结果如表5－3所示。

表5－3   有效排污费征收率与企业发展

解释变量	被解释变量			
	$\ln tfp\_op$			
	（1）	（2）	（3）	（4）
$levy\_so_2$	－0.0683 *** （0.0104）	－0.0687 *** （0.0104）		
$levy\_cod$			－0.0585 *** （0.0089）	－0.0588 *** （0.0089）
$size$		－0.0448 *** （0.0032）		－0.0448 *** （0.0032）
age		0.0018 *** （0.0003）		0.0018 *** （0.0003）
$pgdp$		0.0019 * （0.0011）		0.0019 * （0.0011）
kl		0.0000 *** （0.0000）		0.0000 *** （0.0000）
常数项	0.2960 （0.3928）	0.1023 （0.5238）	0.2960 （0.3928）	0.1023 （0.5238）

续表

解释变量	被解释变量			
	$\ln tfp\_op$			
	(1)	(2)	(3)	(4)
地区	控制	控制	控制	控制
行业	控制	控制	控制	控制
时间	控制	控制	控制	控制
样本量	485322	479907	485322	479907
R^2	0.0017	0.0030	0.0017	0.0030

由表 5-3 可以看出，SO_2 和 COD 排污费征收率对企业发展（TFP）都存在负向影响，且这一影响通过了 1% 的显著性检验[①]。由此本章认为，伴随着排污费征收力度的加大，企业发展受到掣肘，波特效应在排污费征收上并未得以体现。企业需为自身污染排放行为支付一定的费用，引致企业成本增加。这一成本会挤占企业投资性资金，导致 TFP 降低（Gray and Shadbegian，2003）。控制变量回归结果表明，企业规模（$size$）对其发展存在负面影响；企业年龄（age）与其发展存在正向关联；资本密集度（kl）高的企业更加注重设备更新和研发投入，在自身能力建设上更为突出；地区人均 GDP（$pgdp$）对企业发展也存在正向影响。总体来看，相应控制变量的回归系数与预期基本保持一致，间接佐证了模型设定的有效性。

5.4.2　内生性疑问及其解决

表 5-3 的估计结果可能存在内生性问题，尤其是本章所研究的关键变量——有效排污费征收率（$levy\_so_2$、$levy\_cod$）。当地区创新发展程度较高

[①]　有学者认为，SO_2 和 COD 排污费征收率对企业发展（TFP）的影响可能呈现非线性。为此，本章引入 SO_2 和 COD 排污费征收率的二次项重新进行回归检验。研究发现，SO_2 和 COD 排污费征收率的影响为简单线性关系，引入二次项后相应系数不再显著。详细回归结果留存备索。

时，地方政府对环境保护更为用心，具有提高排污费征收力度的可能。从图 5-1 可看出这一趋势，与中西部相比，东部地区的有效排污费征收率相对更高，即排污费征收力度变量（$levy\_so_2$、$levy\_cod$）与被解释变量（$\ln tfp\_op$）间可能存在双向因果关系。为此本章也将地区反腐败程度放入有效排污费征收率的工具变量中。具体反腐败衡量方式参考聂辉华和王梦琦（2014）及董斌和托尔格勒（Dong and Torgler，2013）的研究，以公职人员职务犯罪立案数除以各地区公职人员数量来衡量。

企业发展有很明显的持续周期长、调整成本大的特点，创新决策受到多重外部因素干扰。在现实中，地方官员在资源配置上可能对个别企业存在倾斜。但并不能因此认为官员对地区企业均存在持续且明显的照顾。因此，本章以地区反腐败程度作为有效排污费征收率（$levy\_so_2$、$levy\_cod$）的工具变量。相应检验结果也进一步佐证了这一结论[1]。考虑内生性问题后的回归结果如表 5-4 所示。由表 5-4 易知，排污费征收力度抑制企业发展态势明显，说明前文关于排污费征收力度影响的解读是稳健可信的。识别不足检验与弱工具变量检验也佐证了本章工具变量选取的合理性。

表 5-4　　　　　　　　　考虑内生性问题后的回归结果

解释变量	被解释变量	
	$\ln tfp\_op$	
	(1)	(2)
$levy\_so_2$	-0.3276 *** (0.0255)	
$levy\_cod$		-0.2808 *** (0.0218)
控制变量	控制	控制
样本量	264037	264037

① 回归结果留存备索。

续表

解释变量	被解释变量	
	ln*tfp_op*	
	（1）	（2）
Anderson canon. corr. LM statistic	2. 1e + 04	2. 1e + 04
Cragg – Donald Wald F statistic	1. 2e + 04	1. 2e + 04
Sargan statistic	12. 3860	12. 3860

5.5　进一步分析

5.5.1　不同城市间的差异影响

如前所述，排污费征收力度对企业发展的影响与地方政府干预可能存在关联。但这一逻辑是否成立仍有待于进一步研究。为此，本章尝试对地方政府干预影响进行衡量。从表 5 – 5 的描述性统计分析中可以看出，大城市与小城市相比，其有效排污费征收率更高，政策关注地区与其他地区相比亦然。这背后的根源在于地方政府对污染型企业实行"政策性免征"，排污费减免沦为"地方政策优惠""减轻企业负担"的借口。而与小城市相比，大城市法律制度更为规范，社会媒体监督更加健全，政府减免行为可能会得以校正。这也是政府减免行为在小城市（非政策关注地区）更为明显的根本原因之一。在此基础上，本章对政府行为影响进行回归检验。具体将基于模型（5 – 2）进行回归分析，相应结果如表 5 – 6 所示。

表 5 –5　　　　　　　　城市类型与有效排污费征收率

变量	城市类型	$levy\_so_2$ 均值	$levy\_cod$ 均值	政府干预程度
high	大城市（high = 1）	0. 5040	0. 5880	弱
	小城市（high = 0）	0. 4769	0. 5563	强

续表

变量	城市类型	$levy\_so_2$ 均值	$levy\_cod$ 均值	政府干预程度
spz	政策关注地区（spz = 1）	0.5169	0.6031	弱
	非政策关注地区（spz = 0）	0.4553	0.5312	强

表 5 − 6　　城市类型、排污费征收力度与企业发展

解释变量	被解释变量							
	$\ln tfp\_op$							
	(1)	(2)	(3)	(4)	(5)	(6)	(7)	(8)
$levy\_so_2 \times high$	0.0753*** (0.0156)	0.0727*** (0.0158)						
$levy\_cod \times high$			0.0645*** (0.0134)	0.0623*** (0.0135)				
$levy\_so_2 \times spz$					0.0307* (0.0159)	0.0244b (0.0163)		
$levy\_cod \times spz$							0.0263* (0.0136)	0.0209b (0.0140)
$levy\_so_2$	− 0.1062*** (0.0130)	− 0.1055*** (0.0131)			− 0.0919*** (0.0158)	− 0.0866*** (0.0162)		
$levy\_cod$			− 0.0910*** (0.0111)	− 0.0904*** (0.0113)			− 0.0787*** (0.0136)	− 0.0743*** (0.0138)
$high$	− 0.2001** (0.0909)	− 0.1792* (0.1024)	− 0.2001** (0.0909)	− 0.1792* (0.1024)				
spz					− 0.1136 (0.1128)	− 0.1110 (0.1128)	− 0.1136 (0.1128)	− 0.1110 (0.1128)
$size$		− 0.0448*** (0.0032)		− 0.0448*** (0.0032)		− 0.0439*** (0.0032)		− 0.0439*** (0.0032)
age		0.0018*** (0.0003)		0.0018*** (0.0003)		0.0018*** (0.0003)		0.0018*** (0.0003)
$pgdp$		0.0012 (0.0011)		0.0012 (0.0011)		0.0019 (0.0011)		0.0019 (0.0011)

续表

解释变量	被解释变量							
	$\ln tfp\_op$							
	(1)	(2)	(3)	(4)	(5)	(6)	(7)	(8)
kl		0.0000 *** (0.0000)		0.0000 *** (0.0000)		0.0000 *** (0.0000)		0.0000 *** (0.0000)
常数项	0.8523 ** (0.4166)	0.7185 (0.5423)	0.4215 (0.3979)	0.7185 (0.5423)	0.4864 (0.5434)	0.1844 (0.5336)	0.4864 (0.5434)	0.1844 (0.5336)
地区	控制	控制	控制	控制	控制	控制	控制	控制
行业	控制	控制	控制	控制	控制	控制	控制	控制
时间	控制	控制	控制	控制	控制	控制	控制	控制
样本量	485322	479907	485322	479907	472930	471872	472930	471872
R^2	0.0019	0.0031	0.0019	0.0031	0.0018	0.0030	0.0018	0.0030

其中，表 5 - 6 中的第（1）~ 第（4）列重在分析与小城市相比，大城市是否更利于排污费实现波特效应。具体而言，本章生成大城市（high）与两类排污费变量（$levy\_so_2$、$levy\_cod$）的交互项 $levy\_so_2 \times high$、$levy\_cod \times high$ 进行回归分析。其中，第（1）列、第（3）列为未添加控制变量的回归结果，第（2）列、第（4）列为加入控制变量后的回归结果。可以看出，大城市更利于实现波特效应，表现为无论是否添加控制变量，变量 $levy\_so_2 \times high$、$levy\_cod \times high$ 影响都显著为正，且这一影响在统计上通过了 1% 的显著性检验。

表 5 - 6 中的第（5）~ 第（8）列则主要分析与非政策关注地区相比，政策关注（spz）又将如何影响排污费对企业 TFP 的作用。其中第（5）~ 第（7）列为未添加控制变量的回归结果，第（6）列、第（8）列为有控制变量后的回归结论。基本来看，政策关注（spz）与两类排污费变量（$levy\_so_2$、$levy\_cod$）的交互项 $levy\_so_2 \times spz$、$levy\_cod \times spz$ 依旧对企业 TFP 存在正向影响。虽然交互项显著性水平不高，但也能在一定程度上说明问题，这一结果也暗合基于城市类型的回归结论。在控制变量方面，企业规

模（*size*）对其发展依旧存在负面影响；企业年龄（*age*）与其发展间则存在正向关联；资本密集度（*kl*）高的企业更加注重设备更新和研发投入，在自身能力建设上更为突出。控制变量的影响与前文大体一致，进一步验证了回归模型的稳健性。

由表 5 – 6 可以看出，排污费征收力度的加大依旧不利于企业发展，基于交互项的分析结果表明，大城市与政策关注有利于波特效应的发挥，这一结论值得担忧。鉴于小城市（非政策关注地区）在技术创新上的先天劣势，在环境规制趋于严格的大形势下，若小城市（非政策关注地区）企业发展被环境规制进一步抑制，中国企业发展在城市间可能呈现"马太效应"，强者越强，弱者越弱。尽管存在"效率"上改善的可能，却可能引发"公平"问题。因此，是否应有选择地、因地制宜地实施《环保税法》仍值得考虑。

5.5.2　环境法规出台及公众诉求的影响

如前所言，本章致力于思考排污费征收力度如何影响企业发展。表 5 – 6 的回归结果表明，地方政府行为对此会产生重要影响。因此，本章进一步对"自上而下"的环境法规出台和"自下而上"的公众诉求的影响进行了回归检验。具体将采用式（5 – 2）进行回归，相应结果如表 5 – 7 所示。

表 5 – 7　　　　环境法规出台及公众诉求的影响

解释变量	被解释变量 lntfp_op							
	(1)	(2)	(3)	(4)	(5)	(6)	(7)	(8)
$letter \times levy\_so_2$	0.0000 *** (0.0000)	0.0000 ** (0.0000)						
$letter \times levy\_cod$			0.0000 *** (0.0000)	0.0000 ** (0.0000)				

续表

解释变量	被解释变量							
	lntfp_op							
	(1)	(2)	(3)	(4)	(5)	(6)	(7)	(8)
$rule \times levy\_so_2$					0.0507*** (0.0083)	0.0502*** (0.0085)		
$rule \times levy\_cod$							0.0435*** (0.0071)	0.0430*** (0.0073)
$levy\_so_2$	−0.0872*** (0.0121)	−0.0871*** (0.0122)			−0.3080*** (0.0238)	−0.3072*** (0.0244)		
$levy\_cod$			−0.0747*** (0.0104)	−0.0747*** (0.0105)			−0.2640*** (0.0204)	−0.2633*** (0.0209)
$letter$	−0.0000*** (0.0000)	−0.0000*** (0.0000)	−0.0000*** (0.0000)	−0.0000*** (0.0000)				
$rule$					−0.0162*** (0.0029)	−0.0162*** (0.0029)	−0.0162*** (0.0029)	−0.0162*** (0.0029)
$size$		−0.0447*** (0.0032)		−0.0447*** (0.0032)		−0.0430*** (0.0041)		−0.0430*** (0.0041)
age		0.0018*** (0.0003)		0.0018*** (0.0003)		0.0021*** (0.0004)		0.0021*** (0.0004)
$pgdp$		0.0010 (0.0011)		0.0010 (0.0011)		−0.0004 (0.0012)		−0.0004 (0.0012)
kl		0.0000*** (0.0000)		0.0000*** (0.0000)		0.0001*** (0.0000)		0.0001*** (0.0000)
常数项	0.3166 (0.3928)	0.1273 (0.5237)	0.3166 (0.3928)	0.1273 (0.5237)	0.4282 (0.7037)	1.0784*** (0.1811)	0.4840 (0.7038)	1.0170*** (0.1807)
地区	控制	控制	控制	控制	控制	控制	控制	控制
行业	控制	控制	控制	控制	控制	控制	控制	控制
时间	控制	控制	控制	控制	控制	控制	控制	控制
样本量	485322	479907	485322	479907	332383	329765	332383	329765

表 5 - 7 中的第（1）~第（4）列重在分析自下而上的公众诉求（$letter$）如何影响排污费的经济影响。具体生成公众诉求（$letter$）与两类排污费

（$levy\_so_2$、$levy\_cod$）的交互项 $letter \times levy\_so_2$、$letter \times levy\_cod$ 进行回归。其中，第（1）列、第（3）列为未添加控制变量的回归结果，第（2）列、第（4）列为有控制变量后的回归结果。基本来看，交互项 $letter \times levy\_so_2$、$letter \times levy\_cod$ 对企业 TFP 存在正向显著影响。无论是否添加控制变量，上述影响皆能在 5% 的显著性水平上显著，意味着公众诉求有利于排污费实现波特效应。表 5 - 7 中的第（5）~第（8）列则主要利用环境法规出台（$rule$）与两类排污费（$levy\_so_2$、$levy\_cod$）的交互项 $rule \times levy\_so_2$、$rule \times levy\_cod$ 进行回归分析。其中第（5）列、第（7）列为未添加控制变量的回归结果，第（6）列、第（8）列为有控制变量后的回归结论。基本来看，交互项 $rule \times levy\_so_2$、$rule \times levy\_cod$ 对企业 TFP 依旧存在显著正向影响，且这一影响在 1% 的统计水平上显著。由此证明，环境法规出台也将有利于排污费实现波特效应。控制变量回归系数与前大致相同，在此不再赘述。

表 5 - 7 的回归结果表明，排污费抑制企业发展的局面并非不能扭转。无论是地区环境法规出台（$rule$）还是公众诉求（$letter$），都能在其中起到积极作用。结合前文结论，本章认为，外界压力有助于触发波特效应，问题根源显而易见。地方保护主义是源于环境规制的目标激励与其自身的晋升激励并不相符，进而地方官员有保护辖区内企业的动机。但与政策法规的公信力相比，这种政治激励的影响力稍显不足。此外，以信访为代表的公众诉求在一定程度上体现了辖区居民的环保偏好，地方官员也会因此改变其决策模式。在新闻媒体等信息渠道日益健全的今天，公众诉求自然也会改变地方官员的干预程度，从而在一定程度上缓解因政府干预造成的企业发展问题①。

此外，这一结论也从侧面表明，孤立地思考波特效应并不可取，波特效应与地方政府决策行为存在高度关联。从当前环境规制政策实施现状来看，无论是"十一五""十二五"环境规划中的总量控制手段还是排污费、排污权交易之类的市场激励手段，现有规制手段总是集中于惩罚性措施，

---

① 这种政府干预并非单指降低排污费征收力度，更多包含着代缴排污费等地方保护主义。

缺乏对地方官员的正向激励。考虑到实现环境保护和经济发展"双赢"的一个关键在于，如何去控制官员决策偏离，"自上而下"的环境法规出台和"自下而上"的公众诉求都将有助于触发波特效应。由此，本章认为，把握好地方官员的行为激励应成为下一步改革的重点。

5.6　本章小结

在环境规制渐趋严格的大趋势下，如何实现环境保护与经济发展的"双赢"局面迫切需要理论指导。结合《环保税法》新近实施的典型事实，本章重点关注排污费征收力度对企业发展的影响是会呈现波特效应还是挤出效应。进而在理论上丰富环境规制影响研究思路，更深刻地揭示环境规制与企业发展间的内在关系；在实践方面，为中国环境规制政策设计提供理论和实证依据，引导中国经济发展实现"绿水青山"与"金山银山"兼得的双赢局面。研究结果表明，有效排污费征收率对企业 TFP 产生负向影响。考虑内生性等问题后，相应研究结论依旧成立。进一步分析发现，上述影响在小城市及非政策关注地区表现更为明显，地方环境法规出台及公众诉求有助于修正这一负向影响。

本章研究一方面丰富了国内外关于环境规制的波特效应发挥方面的研究文献，另一方面也将有助于理解近年来环境规制政策的制定逻辑及其可能造成的影响。值得一提的是，本章的研究还具有明显的政策含义，即单纯提高排污费征收力度并不可取，需要多措并举为中国环境保护与企业发展间的"双赢"局面提供政策支持。虽然《环保税法》明确降低了政府部门在排污费征收过程中的干预影响，并进一步提高了环保税额，但其对企业发展的负面影响也不容忽视。本章研究表明，在实施《环保税法》之余，相应监管仍必不可少。有必要加强政策关注力度，不断修正地方政府干预影响。同时建立畅通的公众诉求平台，修正地方官员的决策思路，对地方政府行为起到约束作用，降低其决策偏离可能。

本章实证结果还表明，虽然《环保税法》较排污费制度有诸多可取之处，但在费改税之余，中国政府也需注重对政策关注力度和公众诉求的宏观把握，进一步修正地方政府决策偏离。在引导地方官员加强生态环境保护建设的同时，在制度上引入公众、媒体等社会力量监督地方政府行为，为赢取"绿水青山"和"金山银山"兼得的局面提供支持。此外，考虑到有效排污费征收率对企业 TFP 的负面影响在小城市及非政策关注地区更为明显，《环保税法》实施也不宜"一刀切"，需综合考虑地区经济发展态势，因地制宜地提高环境规制力度。

第6章

市场激励型政策的影响：
排污费征收与企业退出行为

6.1 引　　言

改革开放以来，伴随着中国经济的迅猛增长，环境问题日益凸显。对此，中国政府积极采取措施来提高污染治理力度。回顾中国规制政策演进规律，我们能够清楚地发现，中国环境规制政策工具以行政手段为主，经济手段则作为辅助，行政手段主要以法律法规、总量控制手段等为代表，后者则主要表现为排污费政策的实施（王海等，2019）。追溯排污费政策演变历史，1982年，国务院颁布并实施《征收排污费暂行办法》，排污费征收标准后续在1998年、2003年、2007年、2015年历经四次上调（刘郁和陈钊，2016）。为进一步规范排污费征收过程，2018年，《中华人民共和国环境保护税法》（以下简称《环保税法》）将排污费改为环境保护税。该项政策改革将对中国经济发展造成何种影响尚无定论，可知的是，《环保税法》立法遵循排污费制度向环保税制度平稳转移的基本原则，环保税与排污费在征收对象、征收范围、计税方法和标准等方面具有很多相似之处。具体来说，虽然《环保税法》在各省市税率标准范围上留出了较宽的弹性区间，但约有60%的地区环保税负以原有排污费率为基础大致平移。有所不同的是，环保税征收刚性明显大于"费"改"税"之前。对此，王萌（2009）认为，排污费属于行政收费，因其法律地位较低，容易形成征管障碍。"费"改"税"则进一步赋予了环境税费政策的税收刚性和法律权威（黄健和李尧，2018）。因此，使得我国排污费征收力度显著提高。

参考王海和尹俊雅（2016）的研究，本章以市场激励型环境规制政策为例，探索有效排污费征收率对企业退出行为的影响。这主要基于以下考虑：其一，与其他衡量方式相比，有效排污费征收率可以较好地拟合地区环境规制强度，且这一指标能够剥离地方政府行为的影响，从而有助于识别企业实际感知的规制程度；其二，企业退出行为能够较好地揭示企业在环境规制下的动态反应。在实证回归中，本章以中国工业企业数据库中的制造业企业样本为例进行研究。在该数据库中，企业退出意味着企业"死亡"、破产或是销售额变得低于 500 万元，即企业在该行业中的经营发展受到抑制。实证结果表明，排污费征收有利于企业生存，降低其退出概率。

本章其余结构安排如下：第二部分重在梳理相关文献；第三部分着重描述相应数据来源和构建方法；第四部分报告了实证检验结果；最后为本章小结，并在此基础上给出相应的政策建议。

6.2 文 献 评 述

目前，中国的环境规制政策大致可以分为命令控制型、公众参与型和市场激励型三类（张国兴等，2021）。而与其他规制政策相比，市场激励型环境规制政策更易于激励企业创新（Lanoie et al.，2011）。排污费政策作为市场激励型政策的主要工具，明确其对于中国企业和经济发展的影响具有重要的现实意义。郭俊杰等（2019）认为，中国的排污费征收制度具有显著减排效果，不仅可以促使企业加强污染末端治理和前端预防，也可改善企业生产工艺。且长期来看，严格的环境保护制度更利于促进产业结构绿色化升级（曹翔和王郁妍，2021）。

然而，也有学者从多重维度研究发现，排污费征收制度仍未起到应有效果。李建军和刘元生（2015）、薛钢等（2020）发现，中国当前排污费征收制度仍难以遏制企业污染物排放，且会对地区外资比例流入产生显著抑制效果（吕朝凤和余啸，2020）。李广明和韩林波（2016）、徐保昌和谢建国（2016）认为，排污费征收与企业就业和生产率呈"U"型关系。排污费征收对企业生产率的具体影响取决于排污费征收强度，超过一定强度的排污费征收可能会"倒逼"企业提高生产率，但较低强度的排污费征收则会产生负面影响。

除此之外，排污费征收政策的具体施行也存在问题。首先，环境污染排放本身具有外溢效应，致使其难以精准定责，这可能削弱地方政府减排治污的激励，致使排污费征收不力（黄健和李尧，2018）；其次，"以污染换增长"的理念仍然存在于部分企业中，企业可能通过缴纳排污费来逃避环境保护责任，甚至有企业会采取不正当手段来减免排污费（张艳磊等，2015）；最后，由于排污收费主要由环境监察机构（或地税部门）负责，存在独立性缺失的可能。中国排污费制度执法刚性不足、地方政府和部门干预等问题尤为凸显，也因此导致有效排污费征收率存在明显的区域差异（Jin and Lin，2014；王海等，2019）。

6.3　数据来源与变量构建

为识别排污费征收对企业退出行为的影响，本章利用中国工业企业数据库构建实证模型进行分析。在分析前，本章按照布兰特等（Brandt et al.，2012）、杨汝岱（2015）、毛其淋和盛斌（2013）等的方法对该数据库进行基本处理。具体为：第一步，通过法人代码进行匹配；第二步，通过企业名称进行匹配；第三步，通过地址代码和电话号码进行匹配；第四步，通过法人代表名称、行业代码和成立年份进行匹配。匹配的原则是每一步一定存在可以唯一表示某个企业的标识。在数据匹配的基础上，本章还删除了主要变量（总产出、中间投入、资本存量和工业增加值）为零、为负、缺失的数据，删除就业人员小于 8 的观察值，剔除数据库中相关重复样本，并以 1998 年为基期，利用工业生产者出厂价格指数及固定资产投资价格指数对相关指标进行价格平减。实际得出 1999～2007 年的制造业企业层面的面板数据。其中，企业退出行为（*exit*）的识别方式较为简单，退出定义为 1，否则为 0。

排污费征收则主要由有效排污费征收率来进行测算。因环境政策可能出现"非完全执行"的困境，因此，相对于排污费征收标准，有效排污费征收率更能体现地方排污费征收的执法力度。出于这些考虑，本章意图测算中国各省有效排污费征收率。梳理现有文献不难发现，也有学者尝试完成这项工作，如王华和惠勒（Wang and Wheeler，2005）、金艳红和林立国（Jin and Lin，2014）等。本章则进一步充实了其测算基础数据，在实际操作中，结合数据可得性等因素，本章主要基于以下几个方面来进行测算，包括工业废水排放、工业废气排放及工业固体废物排放情况。

变量测算主要基于以下方法：本章首先将上述污染的总排放量折算成污染当量值，按照 2003 年之后的排污收费方法测算出对应的名义排污费额度，再以各项污染的名义排污费计算出各项污染排污费在排污费收费中的应占比例，按此比例将总的排污费分解成各项污染对应的排污费。以各地区 COD 和 SO_2 对应的排污费除以其污染当量值，得到有效排污收费率。测算结果表明，中国排污费征收政策呈现出"非完全执行"的态势，与政策制定标准相比，有效排污费征收率远远不足，如图 6－1 所示。

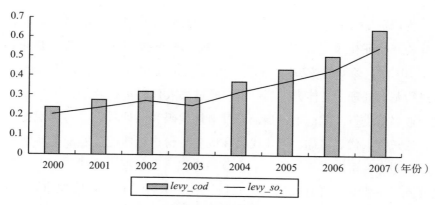

图 6－1 有效排污费征收率年平均值

此外，本章还引入一系列控制变量。企业层面主要包括企业规模（*size*）、企业年龄（*age*）。企业规模（*size*）通常以其销售额、总资产及员工数来衡量，与现有文献类似，本章以当年该企业员工数的对数来测算；企业年龄（*age*）则为其实际年龄，即样本所在年份与企业成立年份之差来度量。为了控制地区经济发展差异，本章也对地区人均 GDP（*pgdp*）水平进行了控制。

6.4　估计策略与回归结果

在"中国新一轮改革"的背景下，如何既要"绿水青山"又要"金山银山"备受关注。考虑到环境规制会对企业退出行为造成显著影响，本章以排污费征收政策为例，意图探究有效排污费征收率与企业退出行为之间的关系。在数据收集、整理的基础上，本章通过运用 Probit 模型来揭示排污费征收对企业退出行为的影响，由此为中国环境规制政策的制定实施提供建议。基本回归主要基于式（6-1）。

$$exit_{it} = \beta_0 + \beta_1 levy\_k_{it} + \theta Z_{it} + \varepsilon_{it} \qquad (6-1)$$

其中，*levy_k* 主要包含 *levy_cod* 和 *levy_so*$_2$，主要指代各自的有效排污费征收率；*exit* 为虚拟变量，指代企业退出行为，退出则为 1，否则为 0；Z 为本章的控制变量，主要包括企业规模（*size*）、企业年龄（*age*）及地区人均 GDP（*pgdp*）。在实证回归过程中，为了减弱遗漏变量的影响，本章对行业效应及时间效应进行控制，基本实证回归结果如表 6-1 所示。

表 6-1　　　　　排污费征收对企业退出行为的影响

解释变量	被解释变量			
	exit			
	（1）	（2）	（3）	（4）
levy_cod	-0.7546 *** (0.0087)		-0.2868 *** (0.0121)	

续表

解释变量	被解释变量			
	exit			
	（1）	（2）	（3）	（4）
$levy\_so_2$		−0.8804 *** （0.0102）		−0.3346 *** （0.0142）
$pgdp$	0.0044 *** （0.0006）	0.0044 *** （0.0006）	0.0118 *** （0.0007）	0.0118 *** （0.0007）
age	−0.0082 *** （0.0003）	−0.0082 *** （0.0003）	−0.0078 *** （0.0003）	−0.0078 *** （0.0003）
$size$	−0.1604 *** （0.0020）	−0.1604 *** （0.0020）	−0.1954 *** （0.0022）	−0.1954 *** （0.0022）
常数项	0.5074 *** （0.0111）	0.5074 *** （0.0111）	1.4319 *** （0.0988）	1.4319 *** （0.0988）
行业效应			控制	控制
时间效应			控制	控制
样本量	479907	479907	383677	383677

由表6-1可以明确，有效排污费征收率与企业退出行为存在负向关系，即伴随着排污费征收强度的加大，企业退出行为反而有所收敛。这在表6-1中第（1）列、第（3）列中的 $levy\_cod$ 和第（2）列、第（4）列中的 $levy\_so_2$ 的影响方向上都得以佐证，且这一影响在统计上通过了1%的显著性检验。这意味着排污费征收能够起到"提醒"的作用，便于企业在面对复杂的市场环境时，适时且适当地抓住发展机遇，促进自身生存发展（王海和尹俊雅，2016）。

此外，控制变量的回归系数都较为显著，也在一定程度上为如何遏制企业退出行为提供决策支持。具体来说，存在以下影响：地区人均GDP（$pgdp$）会加剧企业退出趋势，经济发达地区的企业相对面临更大的竞争压力。一方面，可能是因为人们对高质量产品的需求越发旺盛，迫使企业创新，而创新存在失败风险，导致企业退出市场；另一方面，可能是由企业面临相对较高的人力成本、土地租金及相关费用等运营成本所导致的。企业年龄（age）与其退出行为存在负向关联，即"老字号"的企业在企业经营上更有经验，相对生存时间更长。与之类似，企业规模（$size$）加大了企业抗风险能力，有利于企业持续经营。总体上，控制变量的回归结果符合预期，模型估计不会存在太大偏差。

　　在此基础上，本章进一步探索排污费征收对国有企业和非国有企业（以下简称国企和非国企）造成的差异影响。与其他企业相比，国企在政策支持下却呈现出经营绩效不佳的困境。一方面，可能是政策倾斜造就的"政策依赖"现象；另一方面，可能是由于国企发展需兼顾社会利益，企业发展决策并不简单追求利润最大化。那么，排污费征收是否能对国企起到激励或"提醒"作用，促使国企改善自身运营状况，本章也将对此进行研究。具体将在式（6-1）的基础上引入企业性质与排污费征收的交叉项，构建式（6-2）进行回归检验。

$$exit_{it} = \beta_0 + \beta_1 levy\_k_{it} + \beta_2 state_{it} + \beta_3 levy\_k_{it} \times state_{it} + \theta Z_{it} + \varepsilon_{it} \quad (6-2)$$

　　在式（6-2）中，变量的定义与式（6-1）大致类似，在此不再赘述。其中，$state$ 指代企业性质，若为国企，则定义为1，否则定义为0。回归结果如表6-2所示。

表6-2　　　　　　　　　　　　　企业性质差异影响

解释变量	被解释变量	
	$exit$	
	（1）	（2）
$levy\_cod$	-0.2609*** (0.0126)	
$levy\_cod\_state$	-0.1126*** (0.0358)	
$levy\_so_2$		-0.3044*** (0.0147)
$levy\_so_2\_state$		-0.1313*** (0.0417)

解释变量	被解释变量	
	exit	
	（1）	（2）
state	0.2823 *** (0.0171)	0.2823 *** (0.0171)
pgdp	0.0119 *** (0.0007)	0.0119 *** (0.0007)
age	− 0.0099 *** (0.0003)	− 0.0099 *** (0.0003)
size	− 0.1985 *** (0.0022)	− 0.1985 *** (0.0022)
常数项	1.2821 *** (0.0998)	1.2821 *** (0.0998)
行业效应	控制	控制
时间效应	控制	控制
样本量	383586	383586

由表6-1的回归结果可以明确，排污费征收确实会起到抑制企业退出的作用。进一步研究发现，这一作用会受到企业性质的影响，其中，表6-2中 *state* 的回归系数表明，与非国企相比，国企身份不利于企业生存，有致使企业退出市场的倾向。在某种程度上，这一研究结论似乎并不符合预期。本章研究则表明，政策"照顾"不仅不利于企业生存，反而会导致企业疏于加强自身管理，引致企业经营不善，退出市场。

与此同时，交叉项（*levy_cod_state* 和 *levy_so$_2$_state*）的系数表明，排污费征收对企业经营的正向激励作用在国企中表现更为明显，且这一影响在统计上通过了1%的显著性检验。不难发现，对国企经营来说，排污费征收将有助于改善国企经营理念，利于企业发展。对此，我们认为可能存在以下渠道：首先，排污费征收有助于缓解国企管理者的时间偏好。乔杜里（Chowdhury，2010）研究表明，管理者并不会拥有完备的能力去管理自身行为，容易在多目标计划中造成冲突现象，这种"有限意志"导致管理者的时间偏好并不一致。直观上，相对于未来收益，企业管理者更为偏好当期利益，排污费征收将有助于改善这一时间偏好。其次，排污费征收有助于改变国企管理者的风险规避行为。表现为环境规制会压缩管理者的选择空间，改变其目标函数，实现社会福利的总体改进。最后，排污费征收有利于解决管理者自身的有限理性。经济问题的多样性与管理者自身的有限能力间的博弈会引致管理者自身的有限理性问题（Newell and Shaw，1972）。排污费征收将为国企管理者点明发展方向，有利于企业经营。

6.5　本 章 小 结

改革开放至今，伴随着经济的不断增长，环境问题日益凸显。粗放式的发展模式不可持续。因而，在环境规制日益严格的大趋势下，如何引导地区经济发展，实现"金山银山"与"绿水青山"兼得的局面迫切需要相关研究支撑。考虑到排污费征收作为中国利用市场激励手段治理环境污染的主要政策，其对企业发展存在显著影响，但排污费征收如何影响企业退出行为，以及哪些因素会加剧或削弱这一影响尚未得以揭示。本章在收集、整理各地区污染排放及排污费征收总额数据的基础上，对各省份的有效排污费征收率进行测算。在此基础上，探究有效排污费征收率与企业退出行为之间的关系。研究表明，伴随着排污费征收率的提高，企业退出市场的概率有所降低。进一步分析发现，这一影响在国有企业中表现更为明显，由此认为，排污费征收将有助于改善国企经营理念，有利于国企发展。本章研究一方面丰富了国内外关于环境规制的波特效应发挥方面的研究文献；另一方面，也将有助于理解近年来环境规制政策的制定逻辑及其可能造成的影响。

总体上，本章研究结论将为"中国新一轮改革"提供以下启示：其一，从实证结果来看，排污费征收给企业生存起到了"提醒"作用。然而，本章测算结果表明，中国有效排污费征收率与政策制定标准相差甚远，这在一定程度上削弱了排污费征收的正向激励作用。值得庆幸的是，2018年出台的《中华人民共和国环境保护税法》意在降低政府部门对排污费征收过程中的干预作用，并进一步提高环保税额，迫使企业加强其自身能力建设。其二，国企发展中的若干问题应当重视。虽然本章证实了排污费征收在国企经营中的正向作用，但值得反思的是，为何国企领导人对自身经营中的诸多问题并未加以重视。由此认为，中国政府应当加快国企体制改革，完善对国企领导人的奖惩措施，对国企进行"放手"管理，在给予政策支持的同时，放开其制度层面的约束，让国企真正意义上成为引领中国企业创新的排头兵。

值得一提的是，本章研究也存在若干不足，尤其在企业退出行为的识别上，本章只是基于中国工业企业数据库数据进行研究。但实际上，企业退出行为与企业"死亡"并不一致。该数据库中的企业退出还可能只是销售额变得低于500万元，基于退出行为的识别方式显然并不完备，但我们认为，企业销售额的降低也在一定程度上反映出企业经营缺陷，足以佐证排污费征收对企业经营行为的影响。

结合第5章的研究结论，我们发现，排污费虽然不利于企业TFP提升，但却也能抑制企业退出市场。换言之，存在积极和消极的双面作用。问题的关键仍然在于在排污费改税的大趋势下，如何"扬长避短"，切实扭转其对企业发展的抑制影响。对此，正如第5章所言，中国政府仍需注重对政策关注力度和公众诉求的宏观把握，由此来进一步修正地方政府决策偏离。

沿承研究结论，我们的一个洞见是，环境规制能否实现波特效应与地方政府行为存在高度关联。在解决环境规制问题的同时，还揭示了中国当下产业政策失效问题的根源。在转型经济体中，诸多经济社会体制尚不完善，一旦政策目标与提升地区GDP目标并不相符，就可能引发政策执行力不足等问题，进而波及政策的实施效果。因此，如何将官员激励做好、做对值得进一步探索。同时，切实提高规制官员的独立性可能会是实现波特效应的"一剂良方"。换言之，将地区环境保护责任交付于规制部门，规制部门独立于地方政府，不受地方政府管辖，并以环保绩效作为规制部门政绩考核的主要依据，这将有利于确保规制政策的顺利落实，进而促进企业发展。

第 7 章

临时性规制政策的冲击：
以驻地迁移为例

改革开放以来，伴随着中国经济的快速增长，城市在区域经济发展中的作用越发凸显。与此同时，城市拥堵、环境污染等"城市病"问题也开始出现。对此，中国政府一方面开始通过出台一系列规制政策来强化污染治理，切实改变城市发展面貌；另一方面，部分城市开始通过政府驻地迁移这一临时性的治理手段来改变城市发展格局，由此达成给核心地区"降温"的作用，想以此来促进地区经济可持续发展。现实层面，政府驻地迁移的确具有影响地区环境污染水平的可能。张宝通和裴成荣（2003）发现，相比于北迁，西安市政府南移会使得地区环境承载超负荷，恶化地区环境水平。昆明市民也曾担忧，伴随市政府驻地迁移的呈贡新区建设可能会污染滇池；环境专家在广东省政府迁至南沙的提议中坚持把保护环境放在首位，这些现象都进一步表明，政府驻地迁移与环境污染间存在关联。

同样，《民政部关于加强政府驻地迁移管理工作的通知》指出，政府驻地迁移对于"避免自然灾害、保障人民的生产生活和促进当地经济社会的可持续发展"具有积极作用。一方面，政府驻地迁移可以改善地区经济社会的空间布局，便于环保工作的展开。具体来说，政府驻地迁移可以在促进驻地新址现代化和环保化建设的同时，吸引人口流入以缓解旧址的交通拥堵等问题。如有研究发现，杭州市政府驻地"从旧址搬出是对老城区的保护，减轻老城区的交通压力，腾出空间"，同时可促进钱江新区的发展。另一方面，政府驻地迁移可能引致产业聚集以降低地区污染排放量。

规模经济效应可能会通过要素节约而降低相应的污染排放，以缓解区域总体的环境污染问题。王海等（2021）还发现，政府驻地迁移显著促进了企业 TFP 提升，进而突破地区经济发展瓶颈。因此，结合政府驻地迁移应"按照科学发展观的要求，从有利于当地经济社会发展、有利于社会管理和公共服务，有利于城市的长远发展……"的要求，政府驻地迁移对地区环境保护应具有积极作用。结合王海等（2021）、王海和尹俊雅（2018）的研究，本章以政府驻地迁移为例，探索这类临时性的政策变动对企业发展的冲击影响，并进一步分析哪些因素会加剧或削弱这一影响。

7.1　临时性环境规制政策的影响解读

作为一种典型公共产品，区域环境治理需要政府来发挥主导作用。长期以来，中央政府不断制定和调整规制政策以改善环境质量。环境规制政策通常由中央政府制定、地方政府执行，如果缺乏对地方政府这一政策执行主体的约束和激励，便很难激发相关主体开展环境监管的积极性，致使不同政策效果存在差异（Wang et al.，2003；王惠娜，2010；沈坤荣和金刚，2018）。

如何把握好地方官员的行为激励便成为一个值得关注的话题。在中国经济发展初期，经济增长成为地方政府和官员的核心发展目标（卞元超等，2017）。也因此，地方官员倾向于牺牲环境以促进地区经济增长（于文超和何勤英，2013）。为加强地方政府环境保护责任意识，中央政府将环境绩效纳入官员考核中，迫使地方官员重视区域环境污染治理。然而，有研究发现，地方政府常采用周期性、临时性和运动式的环境污染治理方式以应对特殊时期的环保要求或者上级的环境检查（张新文，2015；石庆玲等，2016）。这类临时性环境治理措施，本质上只是地方政府在短期内为了完成环保指标而做出的策略性污染治理行为（石庆玲等，2016）。

但不同的是，政府驻地迁移在一定程度上是有利于改善地区资源配置、完善产业空间布局、提升企业 TFP，助力区域经济发展的（王海和尹俊雅，2018；王海等，2019，2021）。即虽然政府驻地迁移初衷是为了缓解原有老旧城区的交通、人口和环境压力，但在其迁移过程中具有明显的资源配置影响，具有改善区域环境治理，促进区域经济可持续发展的可能。

7.2 临时性规制政策影响的关键因素与实证设计

7.2.1 地方政府驻地迁移与企业创新

改革开放40多年来，中国经济发展水平不断提升。但值得注意的是，随着城镇化进程的不断推进，资源、人口、经济活动全面流向城市（何艳玲等，2014；雷潇雨和龚六堂，2014），由此导致的交通拥堵、环境污染、住房紧张等"城市病"问题也日益严重。据统计，2015年第三季度，北京通勤族高峰期每出行1小时，就有30分钟耗费在堵车上，折合时间成本为每月808元。经济越发达的城市，因拥堵造成的损失也会越大①。城市环境污染带来的健康成本损失与不可高攀的房价也在一定程度上侵蚀了地区经济发展潜力。"城市病"问题已经成为中国经济转型发展的"拦路虎"，有效缓解中心城区压力，引导资源合理流动迫在眉睫。

对此，部分地方政府有意通过政府驻地迁移来突破地区发展瓶颈，打造新的经济增长极。如2016年，杭州市人民政府驻地就由拱墅区迁移至江干区；2017年，北京市委、市人大、市政府、市政协着手迁往通州区。对于政府驻地等公共部门迁移的研究，国外文献多基于累积因果理论或增长极理论，借助微观数据对比分析政府雇员流动的乘数效应与挤出效应（Jefferson and Trainor，1996；Becker et al.，2013；Faggio and Overman，2014）。尽管已有研究对这一典型政府行为进行了有益探索，但与经济效应等宏观影响相比，深入探讨政府驻地迁移行为对微观企业发展的具体影响尤为必要。考虑到制度安排与运行机制方面的巨大差异，基于日本迁出

---

① 引自人民网：http://politics.people.com.cn/n1/2015/1224/c1001-27973347.html。

东京计划、韩国城市功能疏散的研究结论可能并不适用于解释中国政府驻地迁移的动机及影响。王海和尹俊雅（2018）、王海等（2019；2020）发现，中国政府驻地迁移具有明显的"产业集聚、结构调整与空间布局优化"趋势，其在盘活经济格局的同时，也有力推动了土地财政，呈现显著的资源配置效应。

在现实层面，诸多因素干扰致使中国政府驻地迁移的影响方向难以明确。为规避潜在的不利影响，中央政府通过出台《国务院关于行政区划管理的规定》《民政部关于加强政府驻地迁移管理工作的通知》《关于党政机关停止新建楼堂馆所和清理办公用房的通知》等文件，试图从审批层面加强政府驻地迁移行为监督。但值得注意的是，经济高速转高质量时期"减量发展"具有重要作用。以北京市为例，其实现了从"集聚资源求增长"到"疏解功能谋发展"的重大历史性变革，成功利用"减量发展"助推了经济"提质"①。而不同于原有政策"逐级上报国务院审批"的要求，《行政区划管理条例》提出，部分政府驻地迁移"国务院授权省、自治区、直辖市人民政府审批"的方案。政府驻地迁移审批权限的调整在反映出中央政府转变态度的同时，也让我们开始思考政府驻地迁移对企业发展是否确有积极影响？

鉴于此，基于中国制造业发展的现实背景，结合中国地方政府驻地迁移接连出现的典型事实，本章就政府驻地迁移对企业 TFP 的影响进行了系统的经验考察。本章的一个洞见是，政府驻地迁移有利于企业创新发展，显著提高了企业 TFP。该结果一方面验证了政府驻地迁移的积极影响；另一方面体现了中国地方政府对地区经济发展的干预作用明显，把握好地方政府的行为激励至关重要。具体而言，本章的边际贡献主要体现在以下方面：第一，较之已有研究，本章从微观层面考察了政府驻地迁移与企业创新发展的内在关联，更为细致地刻画了驻地迁移这一典型政府行为对企业 TFP 的影响；第二，本章利用实证模型识别了驻地迁移的影响机制，并分析了政府驻地迁移对不同资本密集度、不同补贴力度、不同性质企业的异质性影响。总体上，本章旨在探讨政府驻地迁移对企业 TFP 而言，是契机

---

① 引自新京报：http：//www. bjnews. com. cn/opinion/2019/02/26/550312. html。

还是危机？试图明确政府驻地迁移对企业发展的具体影响，在为政府驻地迁移行为管理提供决策依据的同时，也为理解政府在地区经济发展过程中所扮演的角色提供一个新的视角。

7.2.2 地方政府驻地迁移的基本事实

党的十九大报告指出，中国已由高速增长阶段转向高质量发展阶段，并要着重提高企业 TFP。报告重申要"使市场在资源配置中起决定性作用，更好发挥政府作用"。在此背景下，将政府驻地迁移这一典型政府行为作为切入点，探索政府驻地迁移与企业 TFP 间关联具有重要的理论价值和实践意义。然而，政府驻地迁移影响具有一定的不确定性。对企业而言，政府驻地迁移能在改善地区资源配置效率的同时，促成相关地区就业热潮，发挥劳动力资源优势，提升企业技术发展水平。然而，上述结论依旧停留在理论层面，缺乏相应现实例证。国外相关研究也重在思考政府驻地迁移对迁移地经济发展的影响，缺乏迁移城市经济影响的整体分析。尽管王海和尹俊雅（2018）就中国地方政府驻地迁移的资源配置效应做了一定分析，但就政府驻地迁移与企业发展间的关系并未给出直接解读，相关研究仍有待进一步深入。

为明确政府驻地迁移影响特征，本章以合肥市和泉州市为例，初步探索政府驻地迁移的经济影响，以期为后文实证分析奠定现实基础。其中，合肥市政府于 2006 年收到国务院批示："同意合肥市人民政府驻地由合肥市庐阳区淮河路迁至合肥市蜀山区东流路"。由图 7-1 可以看出，2006 年后，合肥市（迁移城市）创新发展程度与安徽省内其他城市平均水平存在显著差异，呈明显上升趋势。考虑到作为安徽省省会，合肥市的发展趋势可能比较特殊，本章进一步以泉州市为例进行分析。泉州市同样于 2006 年收到国务院批示："同意泉州市人民政府驻地由泉州市鲤城区庄府巷迁至泉州市丰泽区景观东路"。可以发现，2006 年后，泉州市（迁移城市）的创新发展水平同样明显高于福建省内其他城市创新发展平均水平（见图 7-2）。以上案例在一定程度上表明，政府驻地迁移对地区创新发展确有影响，且这一影响预期显著为正^①。

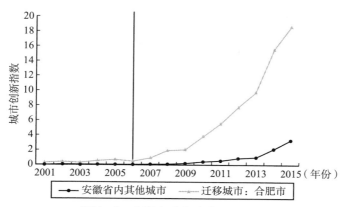

图 7 – 1　合肥市政府驻地迁移影响

资料来源：寇宗来、刘学悦：《中国城市和产业创新力报告 2017》，复旦大学产业发展研究中心，2017 年。

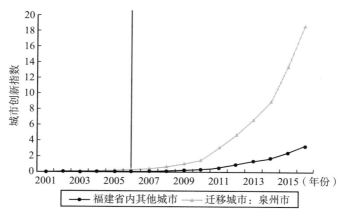

图 7 – 2　泉州市政府驻地迁移影响

资料来源：寇宗来、刘学悦：《中国城市和产业创新力报告 2017》，复旦大学产业发展研究中心，2017 年。

---

① 本章还对发生驻地迁移城市（实验组）和未发生驻地迁移城市（对照组）企业 TFP 进行统计层面的分析，研究发现，在驻地迁移实施前三年，实验组与对照组间并未存在明显的系统差异，二者曲线变动总体上较为接近。与之对应的是，驻地迁移实施后，实验组与对照组间呈现出差异波动。

考虑到单纯以合肥市和泉州市为例证可能还不足以全面说明政府驻地迁移的现实影响，本章进一步对发生驻地迁移城市（实验组）和未发生驻地迁移城市（对照组）企业 TFP 进行统计层面的分析，对应分析结果如图 7-3 所示。基本来看，在驻地迁移实施前三年，实验组与对照组间并未存在明显的系统差异，二者曲线变动总体上较为接近。与之对应的是，驻地迁移实施后，实验组与对照组间呈现出差异波动，喻示着驻地迁移可能对企业 TFP 存在显著正向影响。

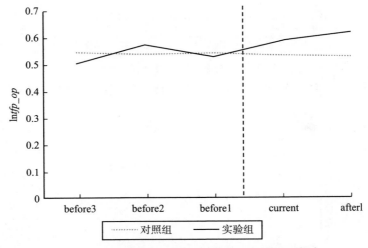

图 7-3 驻地迁移前后对照组和实验组的差异变动

已有文献从微观层面和宏观层面就政府驻地迁移的具体影响进行了有益探讨（王海和尹俊雅，2018；卢盛峰等，2019；王海等，2020）。

在微观层面，王海等（2020）研究发现，政府驻地迁移会加剧企业融资约束；徐志伟等（2020）认为，政府驻地迁移是给原有城区"降温"、促进新城区经济社会发展的重要手段，因此，在迁移过程中具有污染伴随效应，其中，规模以上工业企业的污染伴随效应最为明显。

在宏观层面，关于政府驻地迁移的研究主要从资源配置效应、产业升级效应、地区经济收益、地区创新效应以及政府财政支出等角度进行分析。王海和尹俊雅（2018）研究发现，政府驻地迁移可以有效地改善地区资源配置状况，对地区经济发展总体有益，但这一作用在大中城市中更可取，对于小城市而言政府驻地迁移应谨慎对待。王海等（2019）发现，政府驻地迁移有助于地区产业升级，在降低第二产业比较劳动生产率的同时，提升了第三产业比较劳动生产率。在此体系下，卢盛峰等（2019）研究发现，伴随着政府驻地迁入，相应迁入地区的经济发展水平将获得显著提升，同时距离迁入点更近的区域经济收益更大，在地理上存在衰减效应。李国锋等（2021）认为行政中心的变动左右着迁入地和迁出地的创新水平，具体而言，政府驻地迁移显著提升了迁入地的自主研发水平，而抑制迁出地对于技术的消化、吸收与改造；杨野和常懿心（2021）认为，作为中央政策的执行者，地方政府清楚自身的实际情况，通过政府驻地迁移实现了财政支出效率的提升；王海等（2022）研究发现，政府驻地迁移显著降低了地区房价收入比，具体表现为，降低了商品房和住宅的价格，这也将减轻地区居民的购房压力。

总体而言，政府驻地迁移在促进落后地区繁荣的同时，缓解核心区域拥挤、降低劳动市场及经济发展空间约束（Pellenbarg et al.，2002），达到优化地区就业格局，发挥地区劳动力资源优势，促进企业发展的目的。在大多数案例中，政府驻地迁移主要想解决的是城市自身运行中可能存在的一些"城市病"（Jefferson and Trainor，1996）。那么，随之而来的问题是政府驻地迁移会对地区经济造成何种影响？对迁移地经济来说，当迁移地增加一个公共部门职位时，既可能因公共部门的就业给迁移地产品和服务带来更大的需求，从而引致乘数效应（multiplier effect）促进地区经济发展。也可能因随之而来的高房价与高工资产生挤出效应（crowding out）（Faggio，2013；Faggio and Overman，2014）。对此，政府驻地迁移对迁移地经济所带来的影响并不确定，究竟会产生何种影响在理论上难以得到一致的答案。而对于政府机构而言，迁移自身的成本与其所带来的收益也需考虑。因迁移所带来的低工资支出、招聘优势、员工留用以及租住成本的降低有可能被伴随迁移而发生的短期运营混乱、通信成本以及随之而来的员工管理问题所抵消（Jefferson and Trainor，1996）。因此，中央在衡量政府迁移行为的合理性时更应当综合权衡，使其更多地发挥降低成本、平衡供需的作用（Jefferson and Trainor，1996）。对于政府驻地迁移所带来的影响，国外文献大多基于迁移地经济以及政府行为自身成本收益角度进行比较研究。但对我国而言，作为一种强势政府行为，政府驻地迁移除了对迁移地经济产生影响，还可能对地区整体经济发展造成影响。本章就将关注驻地迁移对地区 TFP 的影响特征。

7.2.3 数据来源与变量选择

本章重点关注政府驻地迁移对企业 TFP 的影响，并进一步分析其影响特征。企业 TFP 的基础衡量数据主要来源于中国工业企业数据库 1998 ~ 2007 年的面板数据[①]。在数据处理方面，本章按照布兰特等（Brandt et al.，2012）的方法对该数据库进行基本匹配处理，并以 1998 年为基期，利用工业生产者出厂价格指数及固定资产投资价格指数对相关指标进行价格平减。对于企业层面固定资本存量的核算，本章依据鲁晓东和连玉君（2012）的构建方式，通过永续盘存法计算企业层面的投资和资本存量，并根据盖庆恩等（2015）的方法对部分缺失工业增加值进行了补全。在此基础上，删除工业增加值、固定资产合计、中间投入为负，以及从业人数小于等于 8 人的观察值，并进一步剔除非制造行业样本，得到制造业企业面板数据。在具体实证研究过程中，对于 TFP 的计算，与现有文献相同，本章主要以 OP 法（Olley and Pakes，1996）的计算结果为基准进行分析。

此外，本章主要以虚拟变量的形式来识别政府驻地迁移行为。具体来说，地方政府获得国务院驻地迁移批示后定义 *relocation* 为 1，否则为 0。驻地迁移详细基础数据主要来自国务院网站，时间节点参照政府驻地迁移批示发文时间。本章还考察了政府驻地迁移距离远近（*distance*）对企业 TFP 的影响，以明确政府驻地迁移的影响特征。具体距离数据主要在获悉

---

① 之所以使用 2007 年的数据，是因为 2007 年后的数据存在质量不佳和统计标准变动双重问题。这可能对企业 TFP 的测算结果造成干扰，尤其在企业的退出行为方面。为确保研究结论稳健可信，参考现有文献的普遍做法，本章基于 1998 ~ 2007 年样本进行回归分析。同时，以此为节点还有利于规避金融危机和《民政部关于加强政府驻地迁移管理工作的通知》的冲击影响。

政府驻地迁移批示地址信息的基础上，查询百度地图政府驻地迁移原址及新址间的驾车推荐路线距离来量化相应距离。

为明确政府驻地迁移对企业 TFP 的影响特征，本章还引入一系列控制变量进行分析。主要包括两类：其一为企业层面数据，包括企业规模（$size$）、企业年龄（age）、企业资本密集度（kl）、企业性质（soe）、企业盈利水平（$profit$）以及企业补贴（sub）。企业规模（$size$）通常以其销售额、总资产及员工数来衡量，与现有文献类似，本章以当年该企业员工数的对数来测算；企业年龄（age）以样本所在年份与企业成立年份之差来度量；资本密集度（kl）主要通过其固定资产净值余额与企业员工数之比来度量；企业所有制（soe）根据企业所有制类别来定义，若企业为国有企业，则赋值为 1，否则为 0；企业盈利水平（$profit$）采用企业利润的对数值进行衡量；企业补贴（sub）为企业所获政府补贴的对数。其二为城市层面数据，包括地区人均 GDP（$pgdp$）、科技创新能力（tec）、人力资本水平（$capital$）、城镇化水平（$urban$）、地区产业结构（$stru2$）和地区人口密度（$pdensity$）。人均 GDP 容易理解；科技创新能力（tec）为各城市科技人员占总从业人员的比重；人力资本水平（$capital$）采用城市普通高校在校生人数占比表征；城镇化水平（$urban$）为地区非农业人口占总人口的比重；地区产业结构（$stru2$）以地区第二产业占比来定义；地区人口密度（$pdensity$）为单位土地面积上的人口数。核心变量的描述性统计分析如表 7 - 1 所示。

表 7 - 1　　　　　　　　　　变量描述性统计

变量名	均值	标准差	最小值	最大值
$lntfp$	0.4252	0.5621	- 1.6148	2.2019
$size$	4.9328	1.1154	2.1972	12.1450
age	9.5978	9.6675	0.0000	58.0000
kl	78.7775	178.0438	0.0000	30237.5000
soe	0.0844	0.2780	0.0000	1.0000
$profit$	6.7085	2.1730	0.0000	16.7216
sub	0.0026	0.0510	- 0.8986	14.9274

变量名	均值	标准差	最小值	最大值
pgdp	3.1433	3.7947	0.1889	32.0255
tec	0.0149	0.0115	0.0002	0.0776
capital	0.0645	0.0148	0.0063	0.3875
urban	0.4176	0.2143	0.1257	0.8576
stru2	51.6368	8.3616	9.0000	89.7200
pdensity	615.1517	308.2556	4.7000	11564.0000
relocation	企业所在城市发生政府驻地迁移后定义为1，否则为0			

7.3 临时性规制政策与企业 TFP：以地方政府驻地迁移为例

7.3.1 地方政府驻地迁移与企业 TFP：基准回归

作为改变辖区空间布局的重大政府行为，政府驻地迁移能有效缓解地区资源错配，呈现资源配置效应。那么，政府驻地迁移能否有效助推企业 TFP 增长，实现经济增长效应便成为一个值得关注的话题。若政府驻地迁移能够缓解地区资源错配，应对企业 TFP 存在正向影响。基于这些考虑，本章以企业 TFP 为被解释变量，探索政府驻地迁移的影响特征，以期为中国地方政府驻地迁移管理提供现实依据和政策参考。具体将基于式（7-1）进行实证分析：

$$\ln tfp_{it} = \mu_{it} + \eta relocation_{it} + \theta Z_{it} + \varepsilon_{it} \qquad (7-1)$$

其中，$\ln tfp$ 为企业全要素生产率（TFP）的对数；relocation 为政府驻地迁移变量，在式（7-1）中表现为，企业所在城市发生政府驻地迁移后定义为1，否则为0；Z 为相应控制变量，包括企业层面和城市层面变量。在实际回归过程中，考虑到部分企业在经营过程中会转换自身所属行业和

城市，本章对企业固定效应、城市固定效应、行业固定效应以及时间固定
效应进行了控制。为缓解模型异方差等问题，本章对回归模型统计量的标
准误差进行城市行业层面的聚类处理。

为明确政府驻地迁移的实际影响，本章依托式（7 - 1）进行回归分析，
对应回归结果如表 7 - 2 所示。由表 7 - 2 可知，政府驻地迁移（relocation）
对地区企业 TFP 增长存在显著正向激励。由此明确政府驻地迁移（reloca-
tion）能在缓解辖区资源错配的同时，促进企业 TFP 的提升。这一影响也意
味着，作为改变辖区空间布局的典型政府行为，政府驻地迁移影响作用明
显，对地区企业发展是契机而非危机。考虑到与西方国家相比，中国地方政府
拥有更大的影响力，因此，做好地方政府行为管理对中国企业发展尤为重要。

表 7 - 2 　　　　　　　　　　政府驻地迁移对企业 TFP 的影响

解释变量	被解释变量		
	lntfp		
	（1）	（2）	（3）
relocation	0. 0670 *** （0. 0248）	0. 0657 *** （0. 0237）	0. 0688 *** （0. 0247）
size		- 0. 0763 *** （0. 0039）	- 0. 0748 *** （0. 0044）
age		0. 0019 *** （0. 0003）	0. 0018 *** （0. 0003）
kl		0. 0000 ** （0. 0000）	0. 0000 （0. 0000）
soe		0. 0001 （0. 0128）	- 0. 0035 （0. 0138）
profit		0. 0594 *** （0. 0016）	0. 0580 *** （0. 0016）
sub		0. 0512 ** （0. 0240）	0. 0609 ** （0. 0297）
pgdp			0. 0051 * （0. 0030）

续表

解释变量	被解释变量		
	lntfp		
	（1）	（2）	（3）
tec			2.0468 ** （1.0306）
capital			0.4349 （0.3039）
urban			0.2854 *** （0.0514）
stru2			0.0035 *** （0.0008）
pdensity			−0.0003 *** （0.0001）
常数项	0.4431 *** （0.0006）	0.4278 *** （0.0236）	0.4858 *** （0.1454）
企业效应	控制	控制	控制
行业效应	控制	控制	控制
城市效应	控制	控制	控制
时间效应	控制	控制	控制
样本量	382319	330104	274572
R^2	0.6374	0.6604	0.6627

注：***、**、*分别表示相应统计量在1%、5%、10%的显著性水平上显著，括号内数值为相应聚类调整标准误①。下同。

在企业层面，企业规模（size）对 TFP 提升存在抑制影响，可能源于中小企业更为关注研发项目的利用前景，企业管理决策相对高效灵活（高良谋和李宇，2009；王恕立和刘军，2014；王岭等，2019）。企业年龄

————————

① 考虑到文章对多维固定效应进行了基本控制，我们主要利用 stata15 中的 reghdfe 命令进行回归分析。该命令会使得样本中被共线掉的样本量不会被报告出来，使得文章样本量显得较小。

（*age*）对 TFP 的正向激励作用明显，企业存活时间越长，对应生产效率越高。企业盈利水平（*profit*）和企业补贴（*sub*）对于提升企业 TFP 水平具有积极作用，这一结果完全符合我们的预期，也从侧面证明可以促进地区生产效率的提升。与之不同的是，企业资本密集度（*kl*）和企业所有制（*soe*）对于 TFP 并无显著影响。在城市层面，地区人均 GDP（*pgdp*）、科技创新能力（*tec*）、城镇化水平（*urban*）以及地区产业结构（*stru2*）对企业 TFP 提升具有显著正向影响，外部环境的改善对企业 TFP 提高具有一定显著作用，地区人口密度（*pdensity*）越大的地区，企业 TFP 反而会受到一定抑制，这可能源于人口过度集中带来的资源错配影响。

7.3.2　地方政府驻地迁移的影响机制检验

表 7-2 初步明确了政府驻地迁移有利于企业 TFP 的提升。随之而来的问题是，政府驻地迁移如何影响企业发展。为明确政府驻地迁移的影响路径，本章进一步甄别政府驻地迁移的影响是源于资本深化机制还是劳动力高技能化。具体将参照李永友和严岑（2018）的研究，依托劳均资本（*percapital*）以及劳均固定资产（*perkfix*）分析政府驻地迁移的资本深化机制，并以劳均名义薪酬（*gj*）及劳均实际薪酬（*gj2*）指代劳动力高技能化。最终将从资本及劳动力双重路径分析政府驻地迁移影响机制，基本回归结果如表 7-3 所示。

表 7-3　　　　　　　　政府驻地迁移对要素投入的影响

解释变量	被解释变量			
	gj	*gj2*	*percapital*	*perkfix*
	(1)	(2)	(3)	(4)
relocation	4.0470 *** (0.7482)	4.8948 *** (0.9876)	-1.4921 (2.2752)	-3.3207 (2.7706)
常数项	27.8218 *** (2.1404)	27.2731 *** (2.2481)	127.5168 *** (18.0207)	133.7411 *** (37.8876)

续表

解释变量	被解释变量			
	gj	$gj2$	$percapital$	$perkfix$
	（1）	（2）	（3）	（4）
企业特征	控制	控制	控制	控制
城市特征	控制	控制	控制	控制
企业效应	控制	控制	控制	控制
行业效应	控制	控制	控制	控制
城市效应	控制	控制	控制	控制
时间效应	控制	控制	控制	控制
样本量	277887	277887	277887	277887
R^2	0.6041	0.6021	0.8947	0.9264

表7-3的回归结果表明，与资本深化机制不同，政府驻地迁移显著促进了企业劳动力高技能化，表现为政府驻地迁移提高了企业劳均名义薪酬（gj）及劳均实际薪酬（$gj2$）。在缺乏反映企业职工技能水平统计信息的情况下，企业薪酬支付主要以员工绩效为依据，劳均薪酬在一定程度上可以指代企业劳动力高技能化（李永友和严岑，2018）。由表7-3的第（1）列、第（2）列可知，政府驻地迁移对劳动力高技能化存在显著正向影响，表明政府驻地迁移对企业TFP的正向影响可能源于企业劳动力高技能化。与对劳动力的影响不同，政府驻地迁移的资本深化机制并不明显，驻地迁移对劳均资本（$percapital$）和劳均固定资产（$perkfix$）增长的影响均不显著。

结合上述分析，本章初步明确政府驻地迁移的影响主要源于劳动力升级而非资本深化。就其原因，本章认为，驻地迁移具有城市面貌转变和区域产业政策的双重属性。

第一，城市面貌转变方面。（1）政府驻地迁移在某种意义上是一项打造新城的运动，这类新城建设可以有效增加城市规模。陆铭等（2012）发现，城市规模的扩大对于劳动力高技能化具有一定的积极影响。一方面，城市规模的扩大带来了更多的学习机会和更强的知识溢出效应，高技能服务业由于其知识密集型的特点，更易于从城市规模扩大中获得好处；另一方面，随着城市规模的扩大，地区产业得以升级（王海等，2019），服务业质量也会提升，使得制造业吸收更多的高技能劳动者就业（陆铭等，2012）。（2）政府驻地迁移本质上也是居住环境的改善行为，其可在缓解核心城市交通拥堵的同时，打造新的城区。居住环境的改善有利于吸引高技能劳动力的进入。张丽等（2011）发现，财政支出与迁入人数成正比，存在引力效应，这种效应的实现与地区公共产品供给存在一定关联。夏怡然和陆铭（2015）发现，长期流动的劳动力更会选择流向公共服务好的城市，公共服务对劳动力的流入起到显著的正向作用。

　　第二，区域产业政策方面。政府驻地迁移在一定程度上助推了地区经济实现"产业集聚、结构调整与空间布局优化"的目的。一方面，政府驻地迁移可能通过改变地区经济空间布局，形成新的经济增长极，如海口市政府在打造第二办公区的时候强调，海口将以新行政中心建设为突破口，带动教育和高科技产业功能区建设，这种产业集聚的变化可能会进一步引致地区劳动力高技能化；另一方面，政府驻地迁移也将有利于优化地区资源配置效率，促进地区经济产业升级（王海和尹俊雅，2018），并可能因此引致地区劳动力高技能化，促进企业 TFP 提高。总体上，上述结论为政府驻地迁移对企业 TFP 的正向影响提供了机制解释，也为理解政府驻地迁移影响特征提供了实证依据。

7.3.3　政府驻地迁移的资源再配置效应

　　作为典型政府行为，政府驻地迁移行为影响明显。与资本深化机制相比，政府驻地迁移显著推动了企业劳动力高技能化，最终达到促进企业 TFP 提升的作用。但这一分析仍不够全面，政府驻地迁移的影响究竟是由市场机制促成还是政府行政力量调控尚不可知。为此，本章进一步分析政府驻地迁移是巩固还是弱化了市场的资源再配置效应。具体将参考梅利兹（Melitz，2003）、阿吉翁等（Aghion et al.，2015）的研究，构建式（7-2）。

其中，$share$ 为企业占该年该行业的市场份额，实际回归中对市场份额进行对数化处理生成 $lshare$。理论上，高 TFP 的企业应占据高市场份额，相应实证回归结果如表 7-4 所示。

$$share_{it} = \beta_0 + \beta_1 \times relocation_{it} \times tfp_{it} + \tau \times tfp_{it} + \psi \times relocation_{it}$$
$$+ \theta \times Z_{it} + \varepsilon_{it} \qquad\qquad (7-2)$$

表 7-4   政府驻地迁移的资源再配置效应

解释变量	被解释变量	
	lshare	
	（1）	（2）
relocation_tfp	0.0371 ** （0.0169）	0.0277 * （0.0149）
relocation	-0.0151 （0.0479）	0.0168 （0.0430）
TFP	0.0715 *** （0.0033）	0.0791 *** （0.0035）
常数项	-9.0056 *** （0.0060）	-11.1105 *** （0.0786）
企业特征	未控制	控制
城市特征	未控制	控制
企业效应	控制	控制
行业效应	控制	控制
城市效应	控制	控制
时间效应	控制	控制
样本量	382272	359659
R^2	0.9418	0.9505

从表 7-4 回归结果中可知，政府驻地迁移提高了 TFP 企业的市场份额，表现为变量 relocation_tfp 显著为正。换言之，政府驻地迁移并未干扰市场资源配置作用，强化了 TFP 对企业市场份额的正向影响（relocation_

tfp、TFP 显著为正）。这将进一步促使企业提高 TFP 以扩大市场份额，获取更多利润。可以明确，政府驻地迁移在促进企业发展方面卓有成效，在一定程度上起到了"更好发挥政府作用"的功效。

7.4　政府驻地迁移影响的再检验

7.4.1　平行趋势检验及动态影响分析

一个可能的质疑是本章实证结果存在"挑选赢家"的问题，即发生政府驻地迁移行为的城市发展趋势更好，更利于企业 TFP 发展。为排除这一疑问，本章进一步构建式（7-3），进行平行趋势检验，并分析政府驻地迁移的动态影响。

$$\ln tfp_{it} = \alpha + \sum_{j=0}^{7} \beta_{-j} \times D_{i,t-j} + \sum_{j=1}^{7} \beta_{j} \times D_{i,t+j} + \theta Z_{it} + \varepsilon_{it} \quad (7-3)$$

其中，$D_{i,t+j}$ 为政策提前项，刻画的是政策发生之前 j 年政策所产生的效果；$D_{i,t-j}$ 为政策滞后项，刻画的是政策发生之后 j 年的政策效果。在实际回归中，本章表示为 *before_k* 及 *after_k*，并以虚拟变量的形式进行赋值。如政府驻地迁移前第 4 年，则赋值 *before_4* 为 1，否则为 0；迁移后第 4 年，则赋值 *after_4* 为 1，否则为 0。实际取政府驻地迁移 -7，-6，-5，…，5，6，模型估计结果如表 7-5 所示。

表 7-5　　　　　　　　　　平行趋势检验及动态影响分析

解释变量	被解释变量	
	ln*tfp*	
	(1)	(2)
before_7	-0.0259 (0.0639)	-0.0693 (0.0926)

解释变量	被解释变量	
	ln*tfp*	
	（1）	（2）
before_6	0.0241 (0.0637)	−0.0277 (0.0853)
before_5	−0.0384 (0.0646)	−0.0824 (0.0897)
before_4	−0.0932 (0.0629)	−0.1389 (0.0876)
before_3	−0.0461 (0.0612)	−0.0759 (0.0848)
before_2	0.0482 (0.0599)	0.0208 (0.0820)
before_1	−0.0025 (0.0627)	−0.0612 (0.0838)
current	0.0570 (0.0602)	0.0087 (0.0800)
after_1	0.0667 (0.0630)	0.0343 (0.0810)
after_2	−0.0170 (0.0792)	−0.0440 (0.1001)
after_3	0.1841 *** (0.0683)	0.1882 ** (0.0794)
after_4	0.1813 *** (0.0626)	0.1407 * (0.0733)
after_5	0.1861 ** (0.0798)	0.1441 * (0.0841)

续表

解释变量	被解释变量	
	lntfp	
	（1）	（2）
after_6	0.0442 （0.0789）	-0.0193 （0.1004）
常数项	0.4346 *** （0.0023）	0.1360 ** （0.0586）
企业特征	未控制	控制
城市特征	未控制	控制
企业效应	控制	控制
行业效应	控制	控制
城市效应	控制	控制
时间效应	控制	控制
样本量	333022	266035
R^2	0.6376	0.6677

可以看出，before_k（k = 1，2，…，7）变量皆不显著，也就是说，在政府驻地迁移发生前，迁移城市与未迁移城市并不存在显著差别。因此，并不能拒绝平行趋势检验成立的可能。值得一提的是，政府驻地迁移当期（current）及后两年（after_1，after_2）影响系数并不显著，这意味着政府驻地迁移影响存在一定的滞后性。在本章中，表现为驻地迁移后 3 ~ 5 年（after_3、after_4、after_5）影响最为明显（见图 7 - 4）[①]。总体上，表 7 - 5 的回归结果再次明确政府驻地迁移有利于企业 TFP 的提升，前文研究结论稳健可信。

---

① 值得一提的是，单从图 7 - 4 回归结果来看，驻地迁移的影响具有一定的短暂性，表现为在迁移后的第 6 年，驻地迁移的影响趋向于 0。

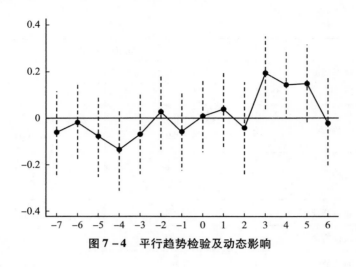

图7-4　平行趋势检验及动态影响

7.4.2　驻地迁移影响的安慰剂检验

为确保研究结论的稳健性，避免因其他因素影响造成变量间关系的错误解读，本章通过调整政府驻地迁移时间进行安慰剂检验。具体将政府驻地迁移时间向前调整3~4年进行回归。若变量 *relocation* 依旧显著，则可能是因为其他政策等因素利于企业 TFP 的提升，而非源于政府驻地迁移，相应安慰剂回归结果如表7-6所示。可以看出，政府驻地迁移（*relocation*）时间提前3~4年后所生成的变量 *f*3*relocation*（第（1）列、第（2）列）和 *f*4*relocation*（第（3）列、第（4）列）的影响系数不再显著。因此，本章明确政府驻地迁移确实有利于企业 TFP 的提升，且这一正向影响并非源于其他因素干扰。

表7-6　　　　　　　　　　基于时间层面的安慰剂检验结果分析

解释变量	被解释变量			
	ln*tfp*			
	（1）	（2）	（3）	（4）
*f*3*relocation*	0.0249 (0.0924)	-0.0038 (0.1052)		

续表

解释变量	被解释变量			
	ln*tfp*			
	（1）	（2）	（3）	（4）
f4relocation			− 0. 1243 （0. 1276）	− 0. 1209 （0. 1376）
常数项	0. 5133 *** （0. 0017）	0. 8186 *** （0. 2485）	0. 5168 *** （0. 0024）	0. 8742 ** （0. 4413）
企业特征	未控制	控制	未控制	控制
城市特征	未控制	控制	未控制	控制
企业效应	控制	控制	控制	控制
行业效应	控制	控制	控制	控制
城市效应	控制	控制	控制	控制
时间效应	控制	控制	控制	控制
样本量	12743	10415	4796	4009
R^2	0. 6995	0. 7280	0. 7243	0. 7535

　　总体上，前文通过虚构政策时间对回归结果的稳健性进行了初步探讨，文章还将通过虚构政策实验组的方式进行稳健性检验。实际随机抽取其他城市样本，并假定这些城市在当年发生了驻地迁移行为，由此构建虚假迁移行为变量（*relocation_ false*）进行回归分析，对应的回归结果如表 7 - 7 所示。可以看出，我们所关心的核心解释变量——政府驻地迁移的影响确实并不显著，由此进一步证明了本章研究结论的稳健性。

表 7 - 7　　　　　　　基于地区层面的安慰剂检验结果分析

解释变量	被解释变量	
	ln*tfp*	
	（1）	（2）
relocation_false	0. 0072 （0. 0163）	0. 0192 （0. 0301）

续表

解释变量	被解释变量	
	ln*tfp*	
	（1）	（2）
常数项	0.4443 *** （0.0007）	0.1127 ** （0.0552）
企业特征	未控制	控制
城市特征	未控制	控制
企业效应	控制	控制
行业效应	控制	控制
城市效应	控制	控制
时间效应	控制	控制
样本量	382317	277887
R^2	0.6388	0.6630

7.4.3 基于 PSM – DID 的政府驻地迁移影响分析

表 7 – 6 和表 7 – 7 从安慰剂检验角度明确了 *relocation* 的正向影响确实源于政府驻地迁移。为避免本章所得出的政府驻地迁移有利于企业 TFP 提升的结论，是源于迁移城市的发展趋势，并非驻地迁移行为激励影响。本章运用 PSM – DID 法重新进行回归，具体根据城市、企业层面变量进行匹配。匹配后的各变量的标准偏差绝对值均小于 1%，严格符合匹配后特征变量的标准化偏差小于 10% 的标准[①]。同时，t 检验结果表明，两组企业特征变量在匹配之后均不再具有显著差异，满足单个协变量平衡性条件。基于 PSM – DID 的政府驻地迁移影响回归结果如表 7 – 8 所示。可以看出，政

---

① 匹配后标准偏差的绝对值越小，说明匹配的效果越好，罗森鲍姆和鲁宾（Rosenbaum and Rubin，1985）认为，如果匹配好标准偏差的绝对值小于 20%，可以视为匹配结果是有效的。PSM 匹配结果留存备索。

府驻地迁移对企业 TFP 确实存在显著正向影响，且这一影响在统计上通过 1% 的显著性检验，相应回归结论稳健可信。

表 7 – 8   基于 PSM – DID 的回归结果

解释变量	被解释变量	
	lntfp	
	（1）	（2）
relocation	0. 0637 ** （0. 0274）	0. 0724 *** （0. 0253）
常数项	0. 4286 *** （0. 0007）	0. 1570 *** （0. 0591）
企业特征	未控制	控制
城市特征	未控制	控制
企业效应	控制	控制
行业效应	控制	控制
城市效应	控制	控制
时间效应	控制	控制
样本量	306991	266035
R^2	0. 6443	0. 6674

7.4.4 考虑 TFP 滞后影响的估计检验

前文主要以当期 TFP 为被解释变量进行回归估计，但考虑到政府驻地迁移的影响存在一定的滞后性，为确保研究结论的稳健性，本章进一步对企业 TFP 进行三年移动平均处理，由此生成变量 lntfp_mean 进行回归估计。对应回归结果如表 7 – 9 所示。可以看出，即使我们对驻地迁移的滞后影响加以考虑，本章的核心研究结论依旧稳健成立，表现为变量 relocation 依旧对地区 TFP （lntfp_mean） 存在显著正向影响，由此进一步证实本章研究结论的稳健性。

表 7 - 9 考虑滞后影响的估计结果

解释变量	被解释变量	
	ln*tfp_mean*	
	(1)	(2)
relocation	0.0528 *** (0.0072)	0.0512 *** (0.0176)
常数项	0.4437 *** (0.0005)	0.1004 ** (0.0444)
企业特征	未控制	控制
城市特征	未控制	控制
企业效应	控制	控制
行业效应	控制	控制
城市效应	控制	控制
时间效应	控制	控制
样本量	382317	277887
R^2	0.8106	0.8261

7.4.5 基于政府驻地迁移距离的影响分析

政府驻地迁移影响与迁移距离存在显著关联，但就迁移距离的影响研究却结论不一。安德森等（Andersson et al.，2004；2009）及费格特（Faggio，2013）基于国外政府驻地迁移现象分析发现，政府驻地迁移影响存在很强的地域局限性，距离越近，影响更为明显。但杰弗森和特瑞娜（Jefferson and Trainor，1996）研究发现，伴随着基础通信、交通设施逐步完善，较远的迁移距离反而对地区发展有所助益。为细致研究政府驻地迁移影响特征，本章分别引入迁移距离的一次项及两次项进行回归，基本回归结果如表 7 - 10 所示。不难发现，政府驻地迁移距离对企业 TFP 存在线性影响（*distance* 变量显著为正，*distance_squ* 并不显著）。迁移距离越远，政府驻地迁移影响更为明显，更有利于企业 TFP 的提升。

表 7 – 10   政府驻地迁移距离的影响分析

解释变量	被解释变量		
	ln*tfp*		
	（1）	（2）	（3）
distance	0. 0106 ** （0. 0051）	0. 0101 ** （0. 0045）	0. 0107 ** （0. 0047）
distance_squ	− 0. 0004 （0. 0003）	− 0. 0003 （0. 0003）	− 0. 0004 （0. 0003）
常数项	0. 4432 *** （0. 0005）	0. 4279 *** （0. 0236）	0. 1188 ** （0. 0554）
企业特征	未控制	控制	控制
城市特征	未控制	未控制	控制
企业效应	控制	控制	控制
行业效应	控制	控制	控制
城市效应	控制	控制	控制
时间效应	控制	控制	控制
样本量	382319	330104	277887
R^2	0. 6374	0. 6604	0. 6631

7.4.6　异质性视角下的政府驻地迁移影响分析

在明确政府驻地迁移对企业发展确有影响的基础上，本章进一步分析政府驻地迁移的影响特征。具体将通过企业资本密集度及补贴力度来识别其异质性，并由此进行实证研究。这主要基于以下考虑：其一，从中国产业扶持政策导向来看，企业资本密集与否直接关系到政府是否会予以扶持；其二，企业所获补贴额度是企业与政府间关联的直接表现，企业补贴额度越高，政府扶持力度越强。由此，本章分析政府驻地迁移是强化了原有扶持格局，还是起到了平衡企业发展的作用。基于此，引入 *cic_kl*、

cic_kl_dum、cic_sub、cic_sub_dum 进行回归，基本回归结果如表 7 – 11 所示。

表 7 – 11 企业异质性分析

解释变量	被解释变量			
	lntfp			
	（1）	（2）	（3）	（4）
relocation_cic_kl	− 0. 1050 ** （0. 0495）			
cic_kl	− 0. 0256 （0. 0200）			
relocation_cic_kl_dum		− 0. 0703 * （0. 0392）		
cic_kl_dum		− 0. 0062 （0. 0065）		
relocation_cic_sub			− 0. 0038 （0. 0152）	
cic_sub			0. 0023 （0. 0017）	
relocation_cic_sub_dum				− 0. 0870 ** （0. 0423）
cic_sub_dum				0. 0068 （0. 0082）
relocation	0. 1638 *** （0. 0494）	0. 0923 *** （0. 0286）	0. 0721 ** （0. 0312）	0. 0981 *** （0. 0259）
常数项	0. 1453 ** （0. 0587）	0. 2585 *** （0. 0532）	0. 1161 ** （0. 0553）	0. 1163 ** （0. 0552）
企业特征	控制	控制	控制	控制
城市特征	控制	控制	控制	控制
企业效应	控制	控制	控制	控制

续表

解释变量	被解释变量			
	ln*tfp*			
	（1）	（2）	（3）	（4）
行业效应	控制	控制	控制	控制
城市效应	控制	控制	控制	控制
时间效应	控制	控制	控制	控制
样本量	277887	321440	277887	277887
R^2	0.6631	0.6416	0.6631	0.6631

　　不难发现，政府驻地迁移存在一定"扶弱"倾向，不利于高资本密集度及高补贴力度行业内企业 TFP 的提升。在表 7 – 11 中，表现为 *relocation_cic_kl*、*relocation_cic_kl_dum* 及 *relocation_cic_sub_dum* 影响系数显著为负，*relocation_cic_sub* 也呈现负向影响。结合政府驻地迁移有利于企业 TFP 提升的研究结论，政府驻地迁移相对更利于低资本密集度、低补贴力度型行业企业发展[①]。政府驻地迁移打破了原有企业利益格局，给低效率企业以发展契机，在一定程度上也符合政府驻地迁移平衡地区经济发展的政策初衷。即在促进落后地区繁荣的同时，缓解核心区域拥挤、降低劳动市场及经济发展空间约束（Pellenbarg et al.，2002），以达成效率和公平的同步完善。

　　表 7 – 11 回归结果表明，政府驻地迁移具有一定的"扶弱"倾向。为佐证这一结论，本章进一步从企业所有制视角入手，探析政府驻地迁移对国有企业和非国有企业是否存在差异影响。国有企业一方面具备"企业"属性，在创新决策上受到利益、企业家精神等动力的驱使；另一方面国有

---

　　① 值得注意的是，这里交互项 *relocation_cic_kl*、*relocation_cic_sub* 对企业 TFP 呈现负向影响，意味着政府驻地迁移对企业 TFP 的影响存在企业异质性。相对于低资本密集度、低补贴力度型企业，政府驻地迁移更不利于高资本密集度、高补贴力度型企业 TFP 的提升。结合政府驻地迁移有利于企业 TFP 的研究结论，本章在此认为，政府驻地迁移具有一定"扶弱"倾向，相对更利于低资本密集度、低补贴力度型企业的发展。考虑到 *cic_kl*、*cic_sub* 为连续变量，本章进一步构建了虚拟变量 *relocation_cic_kl_dum* 及 *relocation_cic_sub_dum* 进行回归，相应影响系数显著为负，进一步佐证前文结论。

企业的"国有"性质又决定了其创新动力来源于国家任务、社会责任等因素（李政和陆寅宏，2014），这种企业性和公共性的结合构成了国有企业的"二重性"（宋晶和孟德芳，2012）。致使国有企业发展具有很明显的预算软约束特征（林毅夫和李志赟，2004）。与非国有企业相比，国有企业政策优势明显。

为进一步明确政府驻地迁移的影响特征，本章基于企业性质进行分样本回归。相应回归结果如表7-12所示。可以看出，政府驻地迁移有利于非国有企业技术发展，且这一影响在统计上通过了1%的显著性检验（见表7-12的第（3）列、第（4）列）。但对国有企业而言，政府驻地迁移影响并不明显（见表7-12的第（1）列、第（2）列）。在此本章明确，政府驻地迁移具有一定的"扶弱"倾向，显著有利于非国有企业TFP的提升。

表7-12   企业性质差异影响比较

解释变量	被解释变量			
	$\ln tfp$			
	国有企业		非国有企业	
	（1）	（2）	（3）	（4）
relocation	-0.0419 (0.0688)	-0.1010 (0.0803)	0.0772 *** (0.0234)	0.0779 *** (0.0238)
常数项	0.4160 *** (0.0014)	0.7876 *** (0.2665)	0.4447 *** (0.0005)	0.0963 * (0.0574)
企业特征	未控制	控制	未控制	控制
城市特征	未控制	控制	未控制	控制
企业效应	控制	控制	控制	控制
行业效应	控制	控制	控制	控制
城市效应	控制	控制	控制	控制
时间效应	控制	控制	控制	控制
样本量	19500	10246	359597	265725
R^2	0.6813	0.7066	0.6369	0.6626

7.5　本　章　小　结

政府驻地迁移是否科学合理，直接关系到区域内政治、经济、文化和行政管理中心的平衡转移，关系到生产力布局的优化和经济社会的持续健康发展。为了避免地方政府驻地迁移行为激发社会矛盾，中央有意识地提高了政府驻地迁移的审批门槛，驻地迁移趋于困难化。对此，本章在收集市级政府驻地迁移批示时间的基础上，结合中国工业企业数据库，探索政府驻地迁移于企业发展而言，是契机还是危机。研究发现，政府驻地迁移显著促进了企业 TFP 的提升，且这一影响与迁移距离存在正向关联。异质性分析发现，政府驻地迁移具有一定"扶弱"倾向，在不利于高资本密集度、高补贴力度型企业发展的同时，有利于非国有企业 TFP 的提升。进一步分析发现，政府驻地迁移可以通过促进企业劳动力高技能化，推动企业TFP 的提升。考虑"挑选赢家"等问题后，相应结论依旧成立。由此明确，政府驻地迁移有利于企业发展，可为地区经济发展提供新的契机。

具体来说，本章一方面证实了地方政府驻地迁移对企业 TFP 而言，是契机而非危机，一定程度上为地方政府驻地迁移动机提供了解释。另一方面，本章还得出以下具体结论：首先，政府驻地迁移并未干扰市场资源配置作用，显著提高了高 TFP 企业的市场份额，政府驻地迁移在一定程度上实现了更好发挥政府作用；其次，政府驻地迁移距离对企业 TFP 存在正向线性影响，对当下中国政府驻地迁移而言，较远的迁移距离较为可取；最后，政府驻地迁移存在较为明显的"扶弱"倾向，在不利于高资本密集度、高补贴力度型企业发展的同时，有利于非国有企业 TFP 的提升。可在一定程度上做到效率和公平的同步完善。

总体上，本章研究表明，政府驻地迁移有利于企业 TFP 的提升，能够为地区经济发展带来新的契机。本章认为，政府驻地迁移具有一定可取之处，如合肥、泉州等地区都因政府驻地迁移促进了地区创新发展。而《行政区划管理条例》中对于政府驻地迁移审批权限的调整也一定程度上为本章研究结论提供了政策基础。因此，不妨以更为包容的态度对待地方政府驻地迁移申请，进而为地区经济发展注入新的活力。此外，研究还表明，政府驻地迁移存在一定的"扶弱"倾向，给予低效率企业以发展契机，有利于地区效率和公平的同步完善，这也符合政府平衡地区经济发展的政策初衷。

值得一提的是，我们发现，任何临时性的解决区域环境问题的举措都可能产生深远的经济影响。如何进一步完善党的十九大报告所指出的"使市场在资源配置中起决定性作用，更好发挥政府作用"值得关注。本章分析认为，当前中国正处于由高速增长转向高质量发展的关键时期，把握好地方政府的行为激励，完善已有政绩考核机制可能仍是激励中国经济高质量发展的"一剂良方"。

第 8 章

政策类型的选择：基于政策文本视角

伴随着经济步入新常态，生态环境治理逐渐成为中国政府工作的重中之重。为此，中国政府出台了涵盖命令控制型、市场激励型以及临时性在内的一系列环境规制政策，以此缓解地区环境压力，助推地区经济高质量发展。然而，王海和尹俊雅（2019）发现，中国规制政策可能存在"非完全执行"等现象，致使不同政策存在显著的效果差异。随之而来的问题在于，何种政策更为有效？为发掘政策文本在推动区域经济绿色发展中的作用，本章以新能源汽车产业为例展开研究。一方面，以新能源汽车产业为例的规制政策效果评估有助于明晰何种政策举措更为有效；另一方面，新能源汽车产业具有很明显的绿色行业属性（王海和尹俊雅，2021）。《国务院关于印发"十三五"国家战略性新兴产业发展规划的通知》指出："推动新能源汽车、新能源和节能环保产业快速壮大，构建可持续发展新模式"。《节能与新能源汽车产业发展规划（2012 – 2020 年）》同样强调："把培育和发展节能与新能源汽车产业作为加快转变经济发展方式的一项重要任务"。基于这一产业的研究可为波特效应的中国实践提供参考。基于此，本章在参考王海和尹俊雅（2021）研究的基础上，从新能源汽车产业发展视角出发，探索新能源汽车产业政策的潜在影响。我们的结论再次验证了政府政策在推动产业创新发展中的作用，也从侧面发掘了波特效应的实践特征。

8.1　新能源汽车产业研究问题

随着城镇化进程的不断推进，人口、资源与经济活动全面向城市流动和集中（何艳玲等，2014）。这一行为在给城市发展带来契机的同时，也引致了交通拥堵等问题（雷潇雨和龚六堂，2014；王海和尹俊雅，2018）。这些城市在面临交通拥堵问题的同时，也遭受着空气污染的侵害（Li et al.，2019）。对于这一"并存"现象的成因，马丽梅等（2016）认为，汽车尾气排放是地区空气污染的重要成因。2013 年，杭州市雾霾天数超 200 天，汽车尾气排放约占 PM2.5 来源的 40%[①]。环保部公布的《中国机动车环境管理年报（2017）》显示，"汽车是城市空气污染物排放总量的主要贡献者。其排放的一氧化碳和碳氢化合物超过 80%，氮氧化物和颗粒物超过 90%"。生态环境部发布的《中国移动源环境管理年报（2019）》显示，机动车等移动源污染已成为中国大气污染的重要来源，移动源污染防治的重要性日益突出。城市污染治理不仅有赖于环境规制政策的制定执行，更需要新兴绿色产业加快实现创新发展作为支撑。因此，发展新能源汽车行业成为城市治理环境污染的重要战略举措。

面对严峻的环境污染问题以及提升机动车保有量的交通诉求，2012 年，国务院印发《节能与新能源汽车产业发展规划（2012－2020 年）》，明确提出要"把培育和发展节能与新能源汽车产业作为加快转变经济发展方式的一项重要任务……，加大政策扶持力度，营造良好发展环境，提高节能与新能源汽车创新能力和产业化水平，推动汽车产业优化升级，增强汽车工业的整体竞争能力"[②]。习近平总书记在向"2019 世界新能源汽车大会"致贺信中更是指出，要"加速推进新能源汽车科技创新和相关产业发展"，并在上海考察时强调，"要加大研发力度，认真研究市场，用好用

---

① 来自中国新闻网：https：//www. chinanews. com. cn/ny/2015/03－02/7091839. shtml。

② 援引自中华人民共和国中央人民政府网：http：//www. gov. cn/zhengce/content/2012－07/09/content_3635. htm。

— 148 —

活政策"。然而创造一个有利于新能源汽车行业发展的政策环境，却是摆在政策制定者和学者面前的一个急迫而重大的难题。

从国外政策实践来看，美国于2010年首次将新能源汽车提到国家战略层面（李晶和李施雨，2013），加利福尼亚州更是规定电动汽车销售量必须在新车销售量中占到一定比例。欧盟则提出严格的二氧化碳排放标准，甚至宣布全面禁售燃油机，倒逼传统汽车产业转型发展[①]。中国作为全球新能源汽车产销第一大国，新能源汽车销量呈逐年增长趋势，但是目前我国新能源汽车行业整体实力仍然不强[②]。基于以上考虑，中央政府意图通过产业政策为新能源汽车行业发展"输血"。各地方政府相继出台了一系列新能源汽车产业政策（见图8-1），这对地区绿色产业发展具有重要影响（Rodrik，2006）。然而，现有产业政策仍存在一些结构性问题：一方面，中国新能源汽车产业政策动力大多源于中央政府，在已有以GDP为核心的政绩考核机制下地方政府的政策执行力度并不一致，官员对环境保护的重视程度直接关系到政策执行力度和效果；另一方面，中国已有新能源

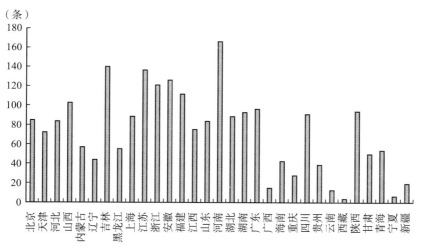

图8-1　2009~2017年各省份新能源汽车地方产业政策总数

① 援引自新华网的报道：www.xinhuanet.com/auto/2018-04/19/c_1122705284.htm。
② 援引自中华人民共和国中央人民政府网：www.gov.cn/ldhd/2010-09/27/content_1711111.htm。

汽车产业政策"碎片化"现象明显。为落实中央决策，地方政府出台了大量重复乃至冗杂的产业政策，形成庞大的政策体系。产业政策在激励行业发展的同时，也可能导致部分企业无所适从（王海和许冠南，2017），政策效果有待进一步明确。

此外，现有研究大多基于部分产业政策展开讨论，缺乏对政策体系整体影响的分析。尽管韩超等（2016；2017）关注了战略性新兴产业政策体系的影响，但这一研究仍侧重于考察中央产业政策的效果，对地方政府在产业发展中所扮演角色的分析仍不充分。为此，本章在收集、整理出省级层面2289条新能源汽车产业政策文本的基础上，利用政策用词量化政策效力，并结合新能源汽车相关数据实证分析地方产业政策对新能源汽车行业发展的影响。研究发现，新能源汽车产业政策能够有效激励行业创新发展，与其他政策工具相比，环境型政策更为有效，总体上新能源汽车产业政策效果值得肯定。在新能源汽车行业发展过程中，政府在对其进行政策"输血"的同时，也应鼓励其积极"造血"以实现行业可持续发展。

较之已有研究，本章有以下改进：第一，已有关于产业政策的研究大多侧重于中央政策层面，对国务院和各部委发布的产业政策效果进行评价（黎文靖和李耀淘，2014；韩乾和洪永淼，2014；黎文靖和郑曼妮，2016），对地方产业政策效果的分析稍显不足。本章则将产业政策研究拓宽细化至地方政策层面，实证考察地方产业政策对新能源汽车行业发展的影响。本章研究在一定程度上补充了产业政策的相关文献。第二，现有文献关于产业政策中哪些政策工具更能有效激励行业创新发展尚无定论，如阿尔德等（Alder et al.，2016）的研究。本章分别就需求型、供给型和环境型产业政策的影响效果进行细致考察，明确何种地方产业政策更能有效助推新能源汽车行业的发展，可为地方产业政策制定及实施提供经验证据。第三，本章研究发现，地方产业政策对新能源汽车行业创新发展具有积极作用，在一定程度上肯定了地方政府引导行为对绿色产业发展的重要性。这一研究结果也响应了党的十九大报告中指出的"赋予省级及以下政府更多自主权"的指导理论。

8.2　新能源汽车产业政策概况

汽车在方便居民生活的同时，也加剧了环境污染问题。值得注意的是，环境污染不仅影响到经济发展，还与国民健康息息相关（Chen et al.，2013；Ebenstein et al.，2015）。蔡伊和格林斯通（Chay and Greenstone，2003）以及格林斯通和汉娜（Greenstone and Hanna，2014）均研究发现，空气污染对人体健康存在显著不利影响，甚至会导致居民过早死亡。切实改善生态环境已成为当下中国亟待解决的问题。考虑到传统汽车与环境污染间的密切关联，大力发展新能源汽车行业成为有效解决能源紧张和汽车尾气排放问题的必然选择。

8.2.1　国外新能源汽车产业政策概况

从国际实践来看，世界各国都高度重视新能源汽车行业的发展。美国从战略规划、研发创新、推广应用等多个方面推动新能源汽车产业发展。在战略规划方面，2013 年，美国能源部发布《电动汽车普及计划蓝图》，该计划明确了 2022 年消费者购置成本、关键技术指标、充电设施等方面的发展目标，并提出动力电池和电驱系统成本于 2022 年分别降至125 美元/千瓦时和 8 美元/千瓦时，整备质量降低 30% 的目标[①]。与此同时，美国联邦税法中与能源使用和生产相关的条款、规定也为新能源汽车行业的发展奠定了基础（Beresteanu and Li，2010；Murray et al.，2014）。在研发创新方面，美国政府通过研发专项拨款、税收减免、低息贷款等方式支持新能源汽车研发创新，形成了政府引导、企业主导、科研机构参与的新能源汽车技术研发体系。2019 年，美国能源部拨款5900 万美元支持先进电池和电力驱动系统、节能系统、高效动力系统等

---

① U. S. Department of Energy. EV Everywhere, Grand Challenge Blueprint［R］. 2013.

方面的研发创新①。在推广应用方面，联邦和州政府协同发力，通过个税抵免、基础设施建设和实施零排放汽车法案等多种方式鼓励新能源汽车的购买和使用。

日益严格的二氧化碳排放限制成为欧洲发展新能源汽车的主要驱动力。2007年10月，欧盟通过有关发展氢燃料汽车的立法建议，并与私有企业共同出资发展氢燃料汽车。2008年11月，为进一步发展清洁能源产业，减少温室气体和其他有害气体排放，欧盟议会通过了以轿车为代表的二氧化碳排放法规总体规划，该规划要求轿车的二氧化碳排放于2012年控制在130克/千米（王立平和许蕊，2012）。2010年4月，为推动欧盟清洁节能交通系统的建立，减少汽车排放污染以及提高欧盟汽车业在绿色节能领域的技术水平，欧盟公布《清洁能源和节能汽车欧洲战略》，为欧盟新能源汽车产业的发展勾勒出了政策框架。根据该战略，欧盟将提高传统汽车发动机的效能和清洁度以及发展新能源汽车作为未来汽车产业的两大支柱。此外，《清洁能源和节能汽车欧洲战略》中包含40多项行动计划，包括：通过立法手段控制汽车尾气和温室气体排放；利用欧洲投资银行等途径加大对节能减排和新能源汽车的科研支持；借助税收等手段提高清洁能源汽车的市场占有率和消费者接受度；在规则协调和原材料供给等方面加强国际合作和加大技术人员培训力度等。

日本新能源汽车以"新一代汽车战略"为主线，以税收优惠、购车补贴、贷款支持等财税政策为支撑，大力推动电动汽车发展。2009年4月1日起，日本开始实施"绿色税制"计划，该计划指出，消费者购买纯电动汽车、混合动力车、清洁柴油车等"下一代汽车"，可以享受多种赋税优惠，而各种新车在购入时可享受的减税额度主要取决于该车的环保指标。根据环保车性质和指标的不同，购置新车时需缴纳的汽车购置税和汽车重量税可以全免、减免75%或50%。而在技术研发领域，日本政府自20世纪70年代起，就在新能源汽车的燃料电池领域投入超200亿日元的研发经费，并将新能源汽车技术列为能源战略发展计划的

---

① 来自美国能源部官方网站：https：//www. energy. gov/articles/doe – announces – 59 – million – accelerate – advanced – vehicle – technologies – research。

核心模块进行重点扶持（白雪洁和孟辉，2018）。1967 年，为促进电动汽车事业的发展，日本成立了电动汽车协会；1971 年，日本通产省制定了《电动汽车的开发计划》，为进一步发展日本电动汽车产业提供政策支持；2009 年，开发高性能电动汽车动力蓄电池的新能源汽车产业联盟成立，并开始实施"革新型蓄电池尖端科学基础研究专项"。该联盟包括丰田、日产等汽车企业，三洋电机等电机、电池生产企业，还包括京都大学等著名学府及研究机构，22 家成员单位共同开发企业需要的基础技术。日本政府计划 7 年内对此项目投入 210 亿日元，用于开发高性能电动汽车动力蓄电池，在 2020 年前，将日本电动车一次充电的续驶里程增加 3 倍以上[①]。

作为全球主要的汽车生产商之一，韩国一直试图通过提供各种补贴和基础设施来促进本国电动汽车行业的发展，并不断完善新能源汽车产业政策体系。2015 年，韩国发布《未来环境友好车型规划》，明确新能源汽车的普及目标和配套措施，并提出到 2020 年新能源汽车销量占比达 20%，保有量超过 100 万辆。2019 年，韩国产业通商资源部发布《氢燃料电池车发展路线图》，提出到 2022 年和 2040 年氢燃料电池汽车的保有量分别达到 8 万辆和 620 万辆、加氢站的建设数量分别达到 310 个和 1200 个。在税收优惠方面，韩国政府在新能源汽车行业提供的补贴和减税增强了其价格竞争力，诱使新能源汽车企业扩大生产规模（Lee，2016），并通过补贴国内私营企业来支持电动汽车的发展和商业化。韩国政府的新能源汽车推广政策刺激了新能源汽车生产规模的扩大和商业化。在技术研发方面，2004 年，韩国政府颁布了《新能源汽车研发法》，以此促进新能源汽车产业持续发展（Hwang，2015）。

8.2.2　中国新能源汽车产业政策概况

与发达国家相比，中国新能源汽车行业尚处于相对落后状态。为此，

---

① 来自中国新闻网：https：//www.chinanews.com.cn/auto/2012/02 – 21/3685674.shtml。

中国政府出台了大量产业政策进行扶持（见表 8 - 1）。"八五"时期，国家开始提出促进新兴产业成长；"九五"时期，强调发展新能源技术的必要性；"十五"时期，加大对新兴产业的扶持力度；"十一五"时期，提出大力发展新能源产业以培育新的增长点；"十二五""十三五"时期，则进一步强调新能源汽车的推广。可以看出，中央政府对新能源汽车行业的重视程度在不断提高。然而，产业政策效果不仅取决于中央政策引导，还与地方政府行为存在高度关联。如"十一五"863 计划节能与新能源汽车项目"总投资 75 亿元，其中国家拨款 11.6 亿元，带动地方和企业等投入超过 75 亿元"①。《国务院办公厅关于加快新能源汽车推广应用的指导意见》指出，"地方政府承担新能源汽车推广应用主体责任"。

表 8 - 1　　　　　　　　中央政府出台新能源汽车产业政策脉络

时期	事件	政策
"八五"期间	我国产业结构发生了积极的变化，新兴产业有所发展	《中共中央关于制定国民经济和社会发展第八个五年规划的建议》
"九五"期间	积极发展新能源，改善能源结构	《中共中央关于制定国民经济和社会发展第九个五年规划的建议》
"十五"期间	积极发展高新技术产业和新兴产业，形成新的比较优势	《中共中央关于制定国民经济和社会发展第十个五年规划的建议》
"十一五"期间	大力发展新能源产业，培育更多新的增长点	《中共中央关于制定国民经济和社会发展第十一个五年规划的建议》
"十二五"期间	积极有序发展新能源汽车等产业，加快形成先导性、支柱性产业，切实提高产业核心竞争力和经济效益	《中共中央关于制定国民经济和社会发展第十二个五年规划的建议》
"十三五"期间	实施新能源汽车推广计划，提高电动车产业化水平	《中共中央关于制定国民经济和社会发展第十三个五年规划的建议》

---

① 来人人民铁道网：https://szb.peoplerail.com/shtml/rmtdb/20121022/74761.shtml。

8.3　产业政策与行业创新发展：理论假说

企业创新活动不仅需要大量资金的支持，还具有投资周期长、项目风险大以及不确定性强等特点（Brown et al.，2009；肖兴志和王海，2015）。正因如此，新能源汽车行业创新发展往往面临较大的融资压力，存在明显的创新激励不足等问题（Manso，2011）。对此，中国自"八五"规划便开始推行相关产业政策，在为新能源汽车行业发展提供政策支持的同时，也为企业创新发展提供了契机（孟庆玺等，2016；余明桂等，2016）。在产业发展初期，由于市场机制不健全、行业资源配置效率较低等问题的存在，相关产业创新发展受到掣肘。在此期间，中国政府出台了相应产业政策进行扶持，相关政策较好地弥补了市场不足等问题，并通过扶持优势企业、限制或淘汰落后产能等方式优化资源配置，引导企业生产、投资和重组，推动行业创新发展（Aghion et al.，2012；宋凌云和王贤彬，2013）。除此之外，产业政策还通过鼓励竞争增加企业谋求技术进步和产品升级的动力（Zucker and Darby，2007）。在新能源汽车产业政策实施过程中，地方政府通过放开企业市场准入，提高地区被鼓励行业的市场竞争程度，由此达到激励企业创新的目的（余明桂等，2016）。基于上述分析，我们提出假说 H1：

假说 H1：地方新能源汽车产业政策对新能源汽车行业创新发展存在积极影响。

通常，产业政策可以划分为供给型、需求型以及环境型三类（Rothwell and Zegveld，1985；韩超等，2016）。不同类型的产业政策在新能源汽车行业创新发展中扮演了不同角色。首先，供给型政策主要通过投入公共资源和优化配置，着力于改善新能源汽车消费市场供给的质量和效率，为消费市场商业化提供驱动力量。其中，人才培养政策能够为行业创新发展注入新鲜血液（吴菁等，2015）。资金支持能够鼓励企业开发新产品，进一步提升新能源汽车行业的创新能力。创新活动的研发资金和技术支持可以有效促进产业优势培育（Davidson and Segerstrom，1998）。其次，需求型政策主要通过政府采购、财政补贴以及价格指导等方式引导和激励终端消费群体，着力于提升新能源汽车消费积极性，促进新能源汽车消费市场商业化（Peters and Dutschke，2013；熊勇清和李小龙，2019）。在政府采购方面，艾冰和陈晓红（2008）认为，政府采购力度的加大对提升行业自主创新水平具有积极作用。因为应用示范效应能够降低新能源汽车行业的投资风险，有利于在新能源汽车推广初期发现问题、及时改进产品[①]。在价格指导方面，加斯等（Gass et al.，2014）发现，前期的价格支持比税收制度更为有效，有助于增强企业创新动力。最后，环境型政策旨在通过目标规划、金融支持、法规规范以及税收优惠等措施构建支持保障机制，营造公平的市场竞争环境（韩超等，2016），以便激励新能源汽车行业的创新发展。具体而言，合理的目标规划能够激发新能源汽车行业创新活力，金融支持力度的加大能为新能源汽车产业化和重大项目建设提供信贷支持，从而促进技术进步（祝佳，2015）。税收优惠则可以缓解由税收带来的价格扭曲问题，提高资源配置效率，这是因为此类税收政策因其指向性较强，可以作为促进地区行业创新发展的重要手段（申广军等，2016）。

但伴随制度环境变迁以及新能源汽车产业的发展，不同类型产业政策的不足也开始显现。就供给型政策而言，当前国内新能源乘用车市场仍由传统车企主导[②]。传统汽车产业往往存在整体技术储备薄弱、创新能力较弱等问题，整个行业面临较大的下行压力，行业创新不足问题较为严重。这在掣肘传统汽车产业转型升级的同时，也会削弱供给型新能源汽车产业政策效果。就需求型政策而言，该类政策往往会受到未来需求不确定性等因素的影响。若单纯依靠需求拉动或将致使产业市场被锁定，从而阻碍企业创新（Dosi，1982）。以补贴政策为例，虽然政府补贴的意图在于扶持相关产业创新发展，但新能源汽车产业出现了较为明显的"补贴依赖症"，行业发展亟须寻求新的创新突破点。

---

① 援引自国联资讯网的报道：https：//zixun. ibicn. com/d722836. html。
② 援引自《2019 中国新能源汽车发展报告》。

值得注意的是，2019 年的《新能源汽车产业的税收优惠与未来发展趋势》报告指出，未来国家对于新能源汽车产业的扶持将逐渐从依靠财政补贴激励转变为借助市场手段与法规管理的强制调控①。这一现象表明，新能源汽车产业政策正由需求型政策转向环境型政策。这可能是因为，相较于其他类型政策，环境型政策在目标规划、金融支持、法规规范等方面的措施更多侧重于为企业创新提供良好的政策环境。尤其在营造市场竞争环境方面，环境型政策可能通过发挥市场竞争效应激励企业提高 R&D 投入强度，筛选优质企业，促进企业产品创新和生产过程工艺创新（毕克新等，2013；简泽等，2017），从而更有利于激励新能源汽车行业创新发展。基于上述分析，本章提出假说 H2：

假说 H2：相较于供给型和需求型产业政策，环境型产业政策更有利于促进新能源汽车行业创新发展。

作为重要的产业政策手段，补贴、税收、融资约束及市场环境等成为发挥地方新能源汽车产业政策效果的重要途径，其对于促进相关行业创新发展具有重要作用。具体而言包括以下几个方面。

第一，地方新能源汽车产业政策可能通过财政补贴效应促进行业创新发展。已有研究表明，财政补贴是扶持企业创新发展的重要手段（Lee and Cin，2010）。一方面，新能源汽车产业政策的实施可能通过加大财政补贴的方式，提高企业的现金持有量及营运资本，推动企业创新发展。这是因为企业创新能力的提升，不仅需要依靠资金数量上的增加，还要确保创新资金的稳定输入（肖兴志和王海，2015）。而新能源汽车产业政策可能通过补贴等方式为企业提供创新资金支持，同时企业因获得补贴而开展的创新活动也可能会给企业的其他创新项目带来外溢效应，从而提高企业整体创新的成功率（Lach，2010）。另一方面，政策补贴还可以降低企业的创新边际成本，分散企业创新所面临的风险，提高企业投资回报率，进而缓解新能源汽车行业创新激励不足等问题（解维敏等，2009；周亚虹等，2015）。比如，政府补贴通过降低企业的创新成本，可使企业从净现值为

---

① 援引自：http://www.myzaker.com/article/59091c641bc8e09d6500001e/。

负或经费不足的创新项目中获利（Hall，2002；Lach，2010）。而直接针对企业购买或更新研究设备的政府补贴则会减少创新活动的固定成本或长期成本，降低创新项目的风险，由此提高企业开展创新活动的积极性（Görg and Strobl，2007）。

第二，地方新能源汽车产业政策可能通过税收优惠效应促进行业创新发展。产业政策所带来的税收优惠可以间接影响企业现金流。这是因为：首先，税收优惠等政策激励会以减免企业税负、加速企业设备折旧、加计抵扣企业研发费用等方式降低企业创新成本，一定程度上有利于增加企业营运资本，缓解企业内源性融资约束（匡小平和肖建华，2007；林洲钰等，2013）；其次，税收激励提升了研发项目的实际回报率，能缓解创新活动的市场失灵问题（Hall and Reenen，2000）；最后，税收优惠还可能通过降低税负减少企业现金流出，增强企业的内源融资能力（余明桂等，2016），进而激励企业增加研发投入，最终促进行业创新发展。

第三，地方新能源汽车产业政策可能通过增强企业融资能力带动行业创新发展。企业除了需要缓解内源资金约束，往往还面临着严峻的外部融资环境，而产业政策的实施对于缓解企业融资约束具有显著影响。一方面，陈冬华等（2010）研究发现，地方政府为达成"五年规划"目标，更多采取宽松态度对待政策鼓励性行业的银行信贷以及股票市场融资审批，还通过直接干预信贷等手段将资金输入相关行业，由此缓解企业创新发展中的外部融资约束问题。作为《"十三五"节能减排工作方案》中重点强调的支柱型产业，新能源汽车发展过程中地方产业政策在缓解行业外部融资约束、强化企业融资能力等方面也发挥了积极作用。另一方面，新能源汽车产业政策等政策工具还可能会改变企业宏观经济前景预期、行业前景预期以及企业信息环境，进一步强化企业融资能力（姜国华和饶品贵，2011）。不同于其他投资项目，企业创新项目需要大量的外部资金支持（Czarnitzki and Hottenrott，2011），并且创新投资的高风险特征也使得企业获取创新投资的难度较大（Hall and Lerner，2010）。这就导致新能源汽车行业研发创新时常处于"心有余而力不足"的境地。此时，产业政策若能缓解企业融资约束将显著有利于拓宽相关行业融资渠道，推动行业创新发展。

第四，地方新能源汽车产业政策可能通过市场竞争效应促进行业创新发展。具体来说，产业政策既可以通过政府补贴、税收优惠等"资源效应"促进创新发展，也可能通过改变企业竞争环境产生"竞争效应"影响企业创新（孟庆玺等，2016）。如聂辉华等（2008）发现，一定程度的市场竞争有利于促进企业创新；李胜旗和徐卫章（2015）发现，企业的市场势力不利于产品创新，竞争环境越公平，越有利于激励企业创新发展。伴随着新能源汽车产业政策的出台，新企业受到政策鼓励，相继进入相关行业。市场竞争的不断强化可能会激励企业开展研发活动，实现行业创新发展。基于上述分析，本章提出假说 H3：

假说 H3：地方产业政策可能会通过财政补贴、税收优惠、融资约束和市场竞争等渠道促进新能源汽车行业创新发展。

此外，产业政策也可与新能源汽车行业的市场表现存在关联。李苏秀等（2016）研究发现，随着产业政策数量与力度的增加，新能源汽车的技术专利、产销量和商业模式均呈现出快速发展的趋势，且技术创新与商业模式创新的战略方向和发展路径均与政策导向基本一致。邢敏（2015）、马少超和范英（2018）发现，自新能源汽车产业政策实施以来，推广成效显著，新能源汽车市场销售份额大幅提升。然而也有研究表示，产业政策激励下的创新模式不但难以推动新能源汽车行业发展，而且不利于整个创新网络的运行（刘兰剑和陈双波，2013）。整体来看，目前关于新能源汽车产业政策对整个行业市场表现影响的研究尚无定论。因此，本章在稳健性讨论与进一步分析环节也对新能源汽车行业的市场表现进行定量分析。

8.4 变量选取与实证策略

8.4.1 数据处理与说明

本章利用新能源汽车相关产业政策与数据重点考察地方产业政策能否激励行业创新发展。本章核心数据主要来源于以下三个方面：首先，新能源汽车产业政策的量化主要基于相关政策文本。具体地，本章在爬取各省、自治区、直辖市的人民政府网、财政厅、发展和改革委员会、经济（工业）和信息化委员会等官方网站信息的基础上，利用"新能源汽车""电动汽车""汽车"等关键词筛选政策样本。手工剔除明显不涉及新能源汽车行业发展的政策文本，最终得到中国 31 个省、自治区、直辖市层面的 2289 条新能源汽车产业政策文本数据。

为进一步评估新能源汽车产业政策效果，本章在整理筛选中国专利数据库的基础上，得到了对应时间的新能源汽车专利数据。具体专利数据的清洗过程如下：首先，依据专利摘要信息中是否涉及汽车领域，筛除明显不涉及新能源汽车领域的专利数据，并根据相应代码只保留发明专利数据；其次，剔除我国港澳台地区及国外专利数据；最后，通过逐个阅读专利摘要，进一步清洗数据样本，由此得到新能源汽车产业创新数据。为评估新能源汽车产业政策效果，本章将对应的新能源汽车产业专利样本汇总到城市层面，并基于此，构建出城市层面的新能源汽车产业创新的面板数据。在具体实证过程中，本章对变量进行 1% 层面的缩尾处理，取对数后生成地区专利总数的对数（$lpatent$）。其他控制变量数据则主要来源于国泰安数据库以及各地区统计年鉴。

8.4.2 新能源汽车产业政策识别

为有效分析新能源汽车产业政策效果，量化政策文本及其绩效便成为一个重要问题。在获取各地区新能源汽车产业政策文本的基础上，本章参考罗斯韦尔和泽格维尔德（Rothwell and Zegveld，1985）的做法，将上述2289条产业政策根据语义划分为涉及扩大需求的政策（需求型政策）、涉及加强供给的政策（供给型政策）以及涉及构建发展环境的政策（环境型政策）三类。考虑到不同政策文本的法律效力和示范效应存在一定差异，本章根据政策条文语义对政策效力进行量化。具体取值如下：批复和复函赋值为0.5，通知、公告、规划、公示、函、建议和纲要赋值为1；各政府职能部门颁布的意见、方案、指南、暂行规定和细则赋值为2；省政府颁布的规定、方案、决定、意见、办法以及各政府职能部门颁布的条例、规定、决定赋值为3；省政府颁布的条例和规定赋值为4。在此基础上，生成地区政策总效力（pnumber）、地区供给型政策总效力（psupply）、地区环境型政策总效力（penvir）、地区需求型政策总效力（pneed）等变量，如表8-2示例所示。

表8-2 代表性政策指标生成示例

政策类型	代表性政策示例	代表性政策效力值	政策效力赋值依据
供给型政策	《四川省经济和信息化委员会办公室关于举办新能源汽车技术应用高级研修班的通知》	1	通知、公告、规划、公示、函、建议和纲要赋值为1；各政府职能部门颁布的意见、方案、指南、暂行规定和细则赋值为2
需求型政策	《广东省人民政府关于加快现代流通业发展的若干意见》	2	
环境型政策	《广东省人民政府办公厅关于印发广东省加快建设知识产权强省重点任务分工方案的通知》	1	

具体而言，本章在统计各地区新能源汽车产业政策总量的基础上，对相关政策的条文语义进行了甄别。并依据上述方法对不同政策进行赋值，进而获得地区政策总效力（pnumber）指标。已有研究表明，产业政策对于鼓励企业研发和加快技术创新具有积极作用，同时不同类型的产业政策也可能对地方新能源汽车行业的发展造成差异影响（吴超鹏和唐菂，2016；

张永安和周怡园，2017；刘啟仁等，2019）。为此，本章对地区新能源汽车产业政策进行类别划分，并分别度量了供给型、需求型及环境型政策效力。借鉴已有文献的做法，本章将各地区人才培养、资金支持、技术支持和基础设施建设方面的产业政策归为供给型政策；将政府采购、贸易政策、用户补贴、应用示范和价格指导政策归为需求型政策；目标规划、金融支持、法规规范、产权保护和税收优惠等政策工具归入环境型政策（Rothwell and Zegveld，1985）。再根据政策语义对不同类型的新能源汽车产业政策进行赋值，以得到地区不同类型政策的效力指标。即地区供给型政策总效力（$psupply$）、地区需求型政策总效力（$pneed$）、地区环境型政策总效力（$penvir$）。此外，为更好地评估政策影响，本章还构建了各地区新能源汽车产业政策总量（$nnumber$）以及供给型、需求型、环境型产业政策数量（$nsupply$、$nneed$、$nenvir$）等指标进行稳健性讨论，以更为全面地分析地方新能源汽车产业政策的影响。考虑到产业政策效果的实现需要一定时间，结合新能源汽车产业专利审批特点，本章对相关政策变量都进行了滞后处理，由此生成 $lpnumber$、$lpsupply$、$lpneed$、$lpenvir$ 以及 $lnnumber$、$lnsupply$、$lnneed$、$lnenvir$ 等变量进行回归估计。

在完成相关指标度量的基础上，本章还对各地区新能源汽车产业政策的现实情况进行了刻画。由图 8-2 和图 8-3 可知，各地方政府出台新能源汽车产业政策已成为普遍现象，但政策分布并不均匀。就政策总效力而言，中部地区产业政策总效力相对较大，这可能与该地区出台大量地方产业政策相关。较之东西部地区，中部地区新能源汽车地方产业政策总量较多。产业政策数量优势也带来了政策效力的累积，进而使得相应地区产业政策总效力也较大。此外，无论是政策总效力还是政策总量，东部省份的波动均较小，而对于西部地区来说，仅陕西和内蒙古在新能源汽车产业政策出台数量及政策总效力方面表现突出。绝大多数省份出台政策的积极性不高，这可能导致地方产业政策对新能源汽车行业发展的积极影响难以显现。

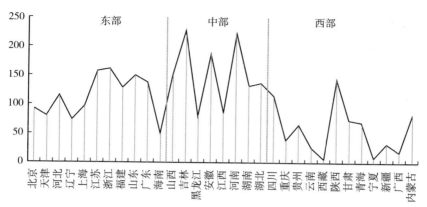

图 8 - 2　2009 ~ 2017 年各省份新能源汽车地方产业政策总效力

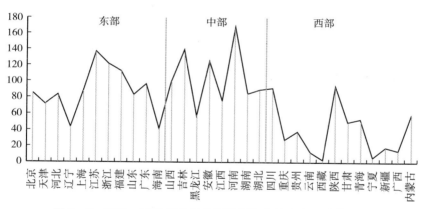

图 8 - 3　2009 ~ 2017 年各省份新能源汽车地方产业政策总量

此外，本章还在分类构建不同类型地方产业政策总效力和总量指标的基础上，对不同类型政策的效力及分布情况进行了描述。由图 8 - 4 和图 8 - 5 容易发现，总体上中部地区各类产业政策总效力及总量仍然较大。值得关注的是，大部分省份侧重于出台环境型新能源汽车产业政策以扶持行业发展，这在表明地方政府通过产业政策推动绿色产业发展决心的同时，也从侧面折射出在激励地区新能源汽车行业发展过程中，环境型政策的有效性更需关注。为更加细致地刻画出不同区域新能源汽车产业政策的差异（见图 8-6、图 8-7）。本章也对相关政策总效力、总量及不同类型政策的效力进行了描述，该结果与前文分省份的政策分析结果基本吻合。

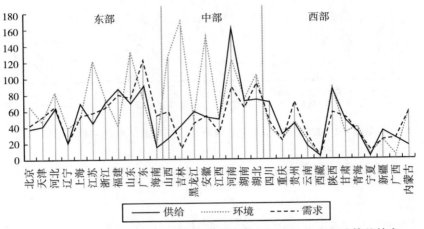

图 8-4　2009~2017 年各省份不同类型新能源汽车地方产业政策总效力

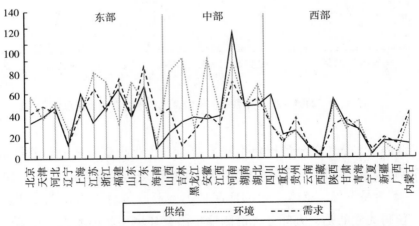

图 8-5　2009~2017 年各省份不同类型新能源汽车地方产业政策总量

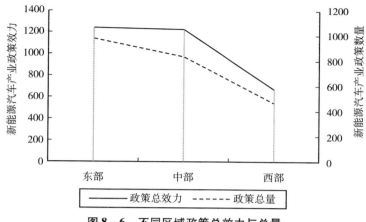

图 8-6 不同区域政策总效力与总量

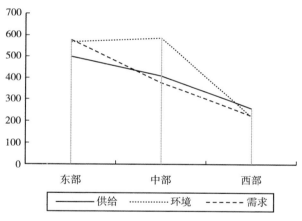

图 8-7 不同区域不同类型政策总效力

8.4.3 新能源汽车产业发展量化

关于新能源汽车行业发展的量化一直存在争议，其主要原因是新能源汽车企业难以精准识别，且相对样本量较少。谢志明等（2015）认为，专利作为技术信息的有效载体，所提供的技术情报内容翔实准确。专利能在很大程度上反映地区新能源汽车行业的发展、经济进步、政策深化和技术革新之间的密切联系。对此，本章综合考虑数据可得性等因素，以城市年份层面的汽车专利数据为基准展开讨论。本章根据专利地址信息及邮编对专利所在城市信息进行补全，生成城市半年度层面的面板数据。已有研究表明，由于政策依托及政府补贴激励，高校和私人研发投入热情较高，在新能源汽车行业发展中扮演了重要角色（Clausen，2009；石秀等，2018）。为进一步揭示地方产业政策对地区新能源汽车行业发展的影响，区分不同类型新能源汽车专利对地方产业政策的差异反应，本章还根据专利申请人信息将专利申请主体分为企业、高校和个人三种类型。并在此基础上生成各城市企业专利数量、高校专利数量及个人专利数量三重变量，以全面刻画新能源汽车行业的发展状况。

具体而言，本章利用地区新能源汽车专利数据构建地区新能源汽车行业发展的度量指标，并对变量进行 1% 层面的缩尾处理，取对数后生成地区专利总数的对数（lpatent）。此外，本章还根据数据库中专利申请人的相关信息汇总不同类型的专利数量，对数化处理后得到地区高校专利总数的对数（lpatent_school）、地区企业专利总数的对数（lpatent_company）以及地区个人专利总数的对数（lpatent_personal）。为进一步反映产业政策激励下新能源汽车行业发展的市场动态，本章提取并生成城市半年度层面的新能源汽车销售量指标，对数化处理后生成 lbnumber 变量，以进一步明确地方产业政策激励下新能源汽车行业的市场动态。

8.4.4 新能源汽车政策影响的实证策略

前文分析表明，产业政策对行业发展可能存在积极影响，但这种影响在现实中能否成立依然存疑。本章根据政策类型差异，将产业政策分为供给型政策、需求型政策和环境型政策三类，定量评估三类产业政策对产业创新的影响特征。在具体回归时将以式（8 - 1）为基础进行研究。

$$lpatent_{ijt} = \beta_0 + \beta_1 policy_{jt-1} + \beta_2 X_{it} + \delta_i + \gamma_t + \varepsilon_{ijt} \qquad (8-1)$$

其中，policy 为本章核心解释变量，囊括新能源汽车产业政策总效力、供给型政策效力、需求型政策效力以及环境型政策效力。考虑到产业政策效果可能存在时滞，本章对上述变量进行滞后处理。被解释变量 patent 为地区新能源汽车行业相关专利数，指代地区新能源汽车行业发展状况。为体现政策对产业创新的影响程度，本章对地区相关专利数进行了加 1 后的对数化处理，生成 *lpatent* 变量。X 为模型中的相应控制变量，主要包括地区人均 GDP（*lpgdp*）、地区工资水平（*lwage*）、地区产业结构（*stru*）、地区人力资本（*student*）、地区创新投入（*ltech*）以及政府干预力度（*lfd*）等。此外，本章还对标准误进行了城市层面的聚类处理，并对城市固定效应和时间固定效应加以控制，相关变量的量化方式如下。

本章利用地区人均 GDP（*lpgdp*）来度量地区经济发展水平。考虑到劳动力价格的上升会提高行业生产成本，本章将地区工资水平引入回归模型以控制地区劳动力成本对新能源汽车行业发展的影响，并对这一指标进行对数化处理生成变量 *lwage*。地区产业结构（*stru*）主要以地区第二产业、第三产业占比来度量。本章还对地区人力资本（*student*）进行了控制，具体以地区总人口中普通高校在校生人数占比乘以 10000 来量化这一指标，选取这一指标一方面是由于巴尔（Barr，2007）研究认为，受过高等教育的个体环保意识更强，因此，人力资本更高的地区具有更大的新能源汽车消费潜力，可能因此刺激相关产业发展；另一方面，考虑到较高的人力资本可以为地区产业创新发展注入动力。同时，为体现新能源汽车行业发展过程中地方政府所扮演的角色，本章还对地方政府干预力度（*lfd*）加以考虑，实际采用地区财政预算支出占 GDP 的比重来度量。此外，在产业创新发展过程中，对应地区的创新基础不容忽视。本章以地区创新投入（*ltech*）来量化地区研发人员数，并将其加入控制变量来进行分析。相关变量的描述性统计分析如表 8-3 所示。

表 8-3　　　　　　　　核心变量的描述性统计分析

变量名	均值	方差	最小值	最大值
lpatent	1.146	1.327	0.000	5.236
pnumber	3.877	5.416	0.000	30.000
psupply	1.880	3.456	0.000	28.000

续表

变量名	均值	方差	最小值	最大值
penvir	2.565	4.119	0.000	27.000
pneed	1.928	3.811	0.000	24.000
lpgdp	10.290	0.858	7.306	13.135
lwage	10.270	0.618	8.219	11.410
stru	97.733	5.455	37.800	100.000
student	202.026	247.944	0.000	1 293.688
lfd	0.132	0.066	0.016	0.366
ltech	0.577	0.520	0.010	2.909
lpatent_school	1.0431	1.0962	0.0000	3.4965
lpatent_company	1.3037	1.3800	0.0000	5.0434
lpatent_personal	0.7148	0.8785	0.0000	3.2958
nnumber	2.7060	3.7901	0.0000	21.0000
nsupply	1.3141	2.3313	0.0000	19.0000
nenvir	1.6645	2.5356	0.0000	15.0000
nneed	1.3784	2.5442	0.0000	17.0000
lbnumber	4.2512	1.7147	0.6931	9.7251

8.5　实证结果及分析

8.5.1　产业政策是否有助于地区新能源产业创新

8.5.1.1　地区政策总效力对新能源汽车行业创新的影响

产业政策能否有效激励产业创新一直饱受质疑。已有研究从多重维度分析了产业政策的利弊，并就其有效性进行了多次讨论。如余明桂等（2016）发现，产业政策能够通过信贷、税收、政府补助和市场竞争等渠道促进行业技术创新；江飞涛和李晓萍（2010）认为，中国的产业政策试图通过限制竞争来培育大企业、提高集中度。这使得被选定扶持的企业既缺乏来自市场的竞争压力，又无须面对潜在进入所形成的压力，进而丧失创新动力。总体上，已有研究结论并不统一。该现象的根源可能在于缺乏对产业政策的进一步甄别，且对地方政府在经济发展中的作用考虑不足。基于这一思考，兼顾新能源汽车行业在地区经济发展过程中的重要地位，本章重点分析地方新能源汽车产业政策与行业创新发展间的关联，并在此基础上讨论何种产业政策更为有效。具体将基于式（8-1）进行回归，对应回归结果如表 8-4 所示。

表 8-4　　　　产业政策是否有助于地区新能源汽车产业创新

解释变量	被解释变量				
	lpatent				
	（1）	（2）	（3）	（4）	（5）
lpnumber	0.009 * (0.005)				
lpsupply		0.007 (0.007)	0.008 (0.006)		
lpenvir		0.016 ** (0.007)		0.013 ** (0.006)	
lpneed		-0.012 ** (0.006)			-0.001 (0.005)
lpgdp	0.732 *** (0.216)	0.748 *** (0.213)	0.737 *** (0.217)	0.728 *** (0.215)	0.719 *** (0.216)
ltech	0.780 *** (0.175)	0.801 *** (0.176)	0.787 *** (0.175)	0.787 *** (0.175)	0.788 *** (0.175)
lwage	-0.547 ** (0.257)	-0.582 ** (0.257)	-0.553 ** (0.257)	-0.562 ** (0.258)	-0.557 ** (0.257)
stru	-0.017 (0.022)	-0.016 (0.022)	-0.017 (0.022)	-0.017 (0.022)	-0.018 (0.022)

解释变量	被解释变量				
	lpatent				
	（1）	（2）	（3）	（4）	（5）
student	0.0003 （0.0004）	0.0004 （0.0004）	0.0003 （0.0004）	0.0003 （0.0004）	0.0003 （0.0004）
lfd	0.532 *** （0.150）	0.538 *** （0.149）	0.525 *** （0.151）	0.532 *** （0.150）	0.511 *** （0.150）
常数项	−1.137 （3.202）	−1.052 （3.187）	−1.123 （3.210）	−0.988 （3.193）	−0.879 （3.204）
城市效应	控制	控制	控制	控制	控制
时间效应	控制	控制	控制	控制	控制
样本量	2635	2635	2635	2635	2635
R^2	0.569	0.571	0.569	0.570	0.569

注：***、**、*分别表示相应统计量在1%、5%、10%的显著性水平上显著，括号内为城市层面聚类调整后的标准误。下表统同。

表 8 − 4 中的第（1）列回归结果表明，地区政策总效力（*lpnumber*）对产业创新发展具有显著正向影响。伴随着产业政策效力的提高，行业创新发展水平有提升的趋势。对于这一现象，宋凌云和王贤彬（2013）研究认为，作为国家发展战略的集中体现，产业政策承担着引导资源和要素流向的重任。而地区产业政策总效力在一定程度上体现了地方政府对新能源汽车行业的扶持力度，表明在"集中力度办大事"的决策理念下，地方产业政策的出台对于激励地区绿色产业发展是行之有效的。因此，假说 H1得以验证。

8.5.1.2 不同类型的产业政策对新能源汽车行业创新的影响

为进一步明确地方产业政策的影响特征，本章参照罗斯韦尔和泽格维尔德（Rothwell and Zegveld，1985）的研究，根据政府出台产业政策的侧重点将其划分为供给型、需求型和环境型三类政策。其中，供给型政策主张政府通过人才培养、资金支持、技术支持和公共服务等方式促进行业发展；需求型政策包括政府采购、贸易政策、用户补贴、应用示范和价格指导等手段；环境型政策主要为目标规划、金融支持、法规规范和税收优惠等政策工具。整体上看，供给型、需求型以及环境型产业政策都可能对新能源汽车行业发展起到直接推动或拉动作用。

为进一步刻画不同政策的差异影响，本章首先将供给型（*lpsupply*）、环境型（*lpenvir*）和需求型（*lpneed*）政策变量同时加入回归模型中进行分析，对应结果在表 8 – 4 中的第（2）列中给出。可以看出，与需求型、供给型政策相比，环境型政策更为有效，且其影响在统计上通过了 5% 的显著性检验。考虑到供给型、需求型和环境型皆是从不同角度量化新能源汽车政策文本①。为避免潜在的共线性问题，本章还分别检验了不同类型政策的效果。结果表明，较供给型、需求型产业政策而言，环境型政策更有助于地区新能源汽车行业创新发展（见表 8 – 4 第（3）、第（4）、第（5）列），假说 H2 得以证实。江飞涛和李晓萍（2018）认为，政府应出台以培育发展环境为核心的功能性产业政策。本章研究结论支持了这一观点，认同环境型政策的积极影响。

此外，回归结果也显示，供给型产业政策对行业创新无显著作用，其原因可能在于研发活动的市场失灵、过度的人才和技术支持等造成的资源浪费以及新能源汽车自身电池寿命短、车辆保值率低、续航里程短等核心性能问题尚未解决（王贵卿，2010），使得供给型政策难以发挥应有的创新激励效应。值得一提的是，回归发现，需求型产业政策对产业创新具有一定的负向影响。虽然战略性新兴产业的财政补贴政策在培育经济增长点、促进产业结构调整、保护特定产业及加快经济发展等方面应发挥积极影响（柳光强，2016）。但安同良等（2009）研究发现，企业频繁发送虚假"创新类型"信号以获取政府补贴，在自主创新发展过程中，企业的骗补行为屡禁不止。在实际行业发展过程中，无限制的补贴会导致新能源汽车厂商只求新产品快速进入市场，将资金更多地用于扩大产能而忽略产品

---

① 　如某个政策既是供给型，也是需求型和环境型，则该政策同时属于三类政策。

性能的提升（何文韬和肖兴志，2017）。周燕和潘遥（2019）认为，财政补贴会在一定程度上扭曲市场的竞争准则。通过上述分析本章认为，与政府直接从供给端和需求端发力相比，完善市场制度、改善营销环境、维护公平竞争和建立公共服务体系等政策对于促进以新能源汽车行业为代表的地区绿色产业发展可能更为有效。

在控制变量方面，地区人均 GDP（$lpgdp$）提高对新能源汽车行业创新活动存在显著正向影响，这可能是源于经济发展水平更高地区的居民对绿色环保更为注重，需求上升起到了拉动产业创新的作用。地区创新投入（$ltech$）与新能源汽车产业创新存在正向关联，地区研发基础越扎实，对应地区的产业创新更为明显。地区工资水平（$lwage$）对新能源汽车行业创新发展有显著负向影响，即工资水平高的地区行业创新活动反而容易受到抑制，这是由于较高的工资水平会增加新能源汽车企业的生产成本，该变量对行业创新的负向影响也符合预期。政府干预力度（lfd）对新能源汽车行业创新发展存在显著推动作用，进一步证实了新能源汽车产业发展过程中政府角色的重要性。产业结构等变量的影响在统计上并不显著。

8.5.2　产业政策对新能源汽车产业发展的影响机制检验

为揭示产业政策的影响逻辑，本章利用新能源汽车上市公司数据展开机制分析。具体的新能源汽车上市公司样本来源于上海证券交易所 2017 年发布的中国战略新兴产业综合指数（以下简称新兴综指）。在数据筛选过程中，首先，根据战略性新兴产业分类目录及 2017 年国民经济行业分类注释对新兴综指上市公司样本进行初步分类；其次，结合 Wind 资讯及同花顺软件中的公司概况信息，进一步筛选明确新能源汽车企业，剔除明显不符合新能源汽车产业的企业样本；最后，在搜索引擎中，对样本企业进行检索，确保样本数据所涉及的业务范围包含新能源汽车产业，由此最终遴选出 95 个新能源汽车上市公司年度样本。

为了进一步验证假说 H3，本章对地方产业政策影响新能源汽车行业创新发展的可能机制展开分析，具体将从财政补贴效应、税收优惠效应、融资约束效应以及市场竞争效应四重维度进行检验。其中，财政补贴效应（*subsidy*）主要利用政府补贴与营业收入的比值来度量，变量 *subsidy* 越大，补贴现象越为明显；税收优惠效应（*tax*）通过所得税费用与利润总额的比值来量化，*tax* 越大，税收优惠幅度越低；融资约束效应（*kzindex*）则参考魏志华等（2014）的研究构建相应指数进行度量，*kzindex* 越大，融资约束越强；市场竞争效应（*mpower*）利用托宾 q 值进行分析，数值越大，企业越具有市场势力，对应市场竞争程度越低（Hazlett and Weisman，2011）。对应机制分析结果如表 8-5 所示[①]。

表 8-5　　　　　　　　　产业政策影响的机制检验

解释变量	被解释变量			
	subsidy	*tax*	*kzindex*	*mpower*
	(1)	(2)	(3)	(4)
lpnumber	-0.000 (0.000)	-0.001 (0.001)	-0.014** (0.007)	-0.020** (0.009)
控制变量	控制	控制	控制	控制
企业效应	控制	控制	控制	控制
时间效应	控制	控制	控制	控制
样本量	451	458	310	449
R^2	0.057	0.083	0.259	0.607

与财政补贴效应和税收优惠效应相比，产业政策能够显著降低企业融资约束，且这一影响在统计上通过了 5% 的显著性检验（见表 8-5 第（1）、第（2）、第（3）列）。这一结果也喻示着产业政策的实施可以缓解创新过程中资金需求和高风险特征给企业带来的融资压力，为企业创新提

① 受制于数据缺陷，文中机制部分使用的是新能源汽车产业上市公司数据，这使得我们难以利用中介效应模型进行机制检验。所以，本章主要采用了理论梳理的方式对机制变量与产业创新间的关系进行了分析说明。详见理论假说和机制部分。

供资金支持，进而有利于激励相关行业创新发展。从表8-5第（4）列的估计结果来看，伴随着产业政策的落实，地区优势企业所拥有的市场势力越弱，这意味着产业政策能够实现"竞争效应"，有利于企业创新发展。这是因为在竞争较为激烈的情况下，创新程度低的企业所占的市场份额逐渐下降，最终被迫退出市场（简泽等，2017）。为了避免被市场淘汰，企业有动力通过研发新技术或新产品提高创新水平，以便在提升竞争力的同时获取更多市场份额，提高企业收益[①]。

此外，前文研究表明，相较于供给型和需求型政策，环境型政策在激励新能源汽车行业创新发展方面更为有效。为此，本章进一步就环境型政策激励新能源汽车行业创新发展的影响机制进行检验。由表8-6可知，环境型产业政策对财政补贴和税收优惠的影响并不显著（见表8-6的第（1）、第（2）列），但相关政策的实施能够显著降低企业融资约束，增强企业融资能力（见表8-6的第（3）列），并有助于实现市场竞争效应（见表8-6的第（4）列）。该结果在明确环境型政策更有利于激励行业创新的同时，也证明了本章机制研究结果的稳健性。

表8-6   环境型产业政策影响的机制检验

解释变量	被解释变量			
	subsidy	*tax*	*kzindex*	*mpower*
	（1）	（2）	（3）	（4）
lpenvir	-0.000 （0.000）	-0.002 （0.002）	-0.019* （0.009）	-0.025** （0.012）
控制变量	控制	控制	控制	控制
企业效应	控制	控制	控制	控制
时间效应	控制	控制	控制	控制
样本量	451	458	310	449
R^2	0.057	0.085	0.259	0.607

---

① 在机制分析中，我们也发现，产业政策确实促进企业提高了研发投入，由此产生创新效应。结果留存备索。

8.6 稳健性讨论与进一步分析

8.6.1 控制内生性问题

在实证分析中，内生性问题是本章识别地方产业政策与地区新能源汽车行业发展间是否存在因果关系的一大阻碍。上述分析中可能存在以下两个方面的内生性问题：第一，遗漏变量问题。为了解决遗漏变量所导致的内生性问题，基准回归中本章控制了一系列相关变量，并将标准误在城市层面进行了聚类处理。但不可否认的是现实中仍存在许多未被控制的第三方因素，这些因素很可能会影响地区新能源汽车行业发展。第二，互为因果关系。作为创新能力的一种体现，新能源汽车行业发展较好表明企业在创新方面表现优异。此时，政府可能加大对地区行业发展的扶持力度，并出台更多产业政策。因此，新能源汽车行业的创新发展也可能是导致地方政府出台更多产业政策的原因，而非结果。

具体而言，本章将各个城市预算内财政收入与各城市地形起伏度的倒数相乘作为地方产业政策的工具变量。一方面，地形直接关系到地区是否适宜发展新能源汽车，绝大多数知名汽车制造商总部都坐落于平原等地形起伏度较小的地区，相应地区也更可能获得政策扶持；另一方面，为全面考虑时间维度的变化，借鉴纳恩和钱楠筠（Nunn and Qian, 2014）的做法，本章引入地方政府预算内财政收入，这主要是考虑到地方产业政策在一定程度上反映了当地政府对行业发展的支持态度。地方财政收入越高，表明地方政府更具经济实力，更有可能出台产业政策。由表 8 - 7 中的第（1）列回归结果可知，以地区地形起伏度和政府财政收入构建的工具变量与地方产业政策效力是显著正相关的。并且 F 检验、识别不足检验以及弱工具变量检验结果也表明本章所构建的工具变量基本满足相关性和排他性要求。基于工具变量的回归结果表明，地方产业政策（*lpnumber_IV*）回归系数显著为正，且这一影响在统计上通过了 1% 的显著性检验，说明地方产业政策对地区新能源汽车行业发展存在显著正向影响。考虑内生性问题后，工具变量回归结果与基准结果保持一致，再次证实了本章研究结论的稳健性。

表 8-7   IV 检验及其回归结果

解释变量	被解释变量	
	lpnumber	*lpatent*
	（1）	（2）
lpnumber_IV	0.0045 *** （0.001）	0.203 *** （0.050）
控制变量	控制	控制
城市效应	控制	控制
时间效应	控制	控制
样本量	2634	2620
F 值	60.340	40.620
识别不足检验	18.818	
弱工具变量检验	4.750	

8.6.2　基于产业政策样本数量的再检验

前文分析结果表明，新能源汽车产业政策能够有效激励行业创新发展，且与其他政策相比，环境型政策更为有效。考虑到上述政策效果识别高度依赖于政策效力的量化取值，而这一取值方式又具有一定主观性。为避免政策效力赋值造成变量间关系的错误解读，本章还进一步以政策出台数量为核心解释变量进行稳健性讨论，政策样本数量通常被认为是反映地区产业扶持力度最为直接的指标。表 8-8 回归结果表明，地区政策样本数量对产业创新活动存在正向影响（*lnnumber* 系数显著为正）。说明地方新能源汽车产业政策依然是提升新能源汽车核心性能、促进研发创新的重要手段，这一结果再次证明了在新能源汽车行业发展过程中地方产业政策的积极作用。此外，在三种不同的政策工具中，环境型政策依旧最为有效。即无论从政策效力还是从政策数量上进行量化分析，以培育发展环境为核心目标的环境型政策始终对新能源汽车行业创新发展有着显著的积极影响（lnsupply 和 lnneed 系数均不显著，lnenvir 系数显著为正）。这一结果喻示着政府应继续从目标规划、金融支持、法规规范、产权保护和税收优惠等政策工具着手，提升新能源汽车行业的发展水平。总体上，基于地方产业政策出台数量的再检验肯定了地方产业政策对新能源汽车行业创新发展的激励作用，也佐证了本章研究结论的稳健性。

表8-8   替换核心解释变量：基于产业政策出台数量的再检验

解释变量	被解释变量				
	lpatent				
	（1）	（2）	（3）	（4）	（5）
lnnumber	0.012 * (0.008)				
lnsupply		-0.002 (0.012)	0.007 (0.010)		
lnenvir		0.020 * (0.010)		0.017 * (0.009)	
lnneed		-0.004 (0.010)			0.002 (0.008)
控制变量	控制	控制	控制	控制	控制
城市效应	控制	控制	控制	控制	控制
时间效应	控制	控制	控制	控制	控制
样本量	2635	2635	2635	2635	2635
R^2	0.560	0.560	0.559	0.560	0.559

8.6.3 调整政策样本时间的再检验

产业政策实施中的一大难题在于政策时滞的充分认知。由于政策认识时滞、执行时滞和生效时滞的普遍存在，产业政策往往难以达到预期效果。为此，本章进一步生成产业政策变量的滞后变量 *l3pnumber*、*l3penvir*、*l4pnumber* 以及 *l4penvir* 再次对其进行回归估计，对应结果如表 8 – 9 所示。结果显示，地区政策总效力和环境型政策总效力对创新活动依然存在显著正向影响。该结果表明，在地区绿色产业发展过程中，政府应给予新能源汽车等行业多维度的政策扶持。同时前文研究结论稳健可信。

表 8 – 9　　　　　　　　　调整政策样本时间估计的结果

解释变量	被解释变量							
	lpatent							
	（1）	（2）	（3）	（4）	（5）	（6）	（7）	（8）
l3pnumber	0.0160 *** （0.0055）							
l3penvir		0.0187 *** （0.0062）						
l4pnumber			0.0099 * （0.0056）					
l4penvir				0.0159 ** （0.0080）				
f3pnumber					0.0071 （0.0051）			
f3penvir						0.0080 （0.0056）		
f4pnumber							0.0062 （0.0056）	
f4penvir								0.0042 （0.0062）

解释变量	被解释变量							
	lpatent							
	（1）	（2）	（3）	（4）	（5）	（6）	（7）	（8）
控制变量	控制	控制	控制	控制	控制	控制	控制	控制
城市效应	控制	控制	控制	控制	控制	控制	控制	控制
时间效应	控制	控制	控制	控制	控制	控制	控制	控制
样本量	2452	2452	2313	2313	1684	1684	1438	1438
R^2	0.5555	0.5553	0.5649	0.5653	0.6269	0.6268	0.6077	0.6074

注：***、**、* 分别表示相应统计量在1%、5%、10%的显著性水平上显著，括号内为城市层面聚类调整后的标准误。

为保证本章所识别出的因果关系确实源于新能源汽车产业政策影响，本章调整政策施行时间进行安慰剂检验。具体将政策施行时间向前调整两期（即一年）以上，生成 *f3pnumber*、*f4pnumber* 以及 *f3envir*、*f4envir* 对其进行检验。若这些变量依旧显著，则前文关于产业政策与行业创新的研究结论可能只是政策巧合，源于其他因素干扰，对应回归结果如表 8 – 9 所示。不难发现，上述变量皆不显著。由此可以明确，新能源汽车产业政策的确有助于行业发展，再次佐证了本章研究结论的可靠性。

8.6.4　基于不同政策划分准则的再检验

虽然本章依照现有文献将目标规划、金融支持、法规规范、产权保护和税收优惠等政策工具归入环境型政策，但考虑到金融支持与税收优惠可能兼具一定的供给型和需求型政策色彩。为避免研究结论受到产业政策划分准则的影响，本章将金融支持与税收优惠从环境型政策类别中剔除，并基于新生成的环境型政策数量（ln*new_envir*）和环境型政策效力变量（*lpnew_envir*）重新进行回归估计。表 8 – 10 中的第（1）、第（2）列结果表明，变量 *lpnew_envir* 和 ln*new_envir* 对地区新能源汽车产业创新依旧存在显著正向影响，进一步证实了本章研究结论的稳健性。

表 8 - 10 基于不同政策划分准则的再检验

解释变量	被解释变量	
	lpatent	
	（1）	（2）
lpnew_envir	0.015 ** （0.006）	
lnnew_envir		0.017 ** （0.009）
控制变量	控制	控制
城市效应	控制	控制
时间效应	控制	控制
样本量	2635	2635
R^2	0.570	0.569

8.6.5 考虑传统汽车产业发展的估计检验

考虑到地区新能源汽车产业发展状况还可能会受到地区汽车产业基础的影响，对此，本章将地区汽车产业发展状况纳入考虑。具体分别加入省份汽车工业从业人员平均人数在全国所占比重（car_pop_per）以及省份汽车工业从业人员平均人数的对数（lcar_pop）两个变量进行回归估计。表 8 - 11 中的第（1）、第（2）列结果表明，汽车工业从业人数对新能源汽车产业创新并未存在显著影响。本章核心解释变量的正向影响依旧显著成立。

表 8 - 11 传统汽车产业发展的估计检验

解释变量	被解释变量	
	lpatent	
	（1）	（2）
lpenvir	0.017 * （0.009）	0.019 ** （0.009）

续表

解释变量	被解释变量	
	lpatent	
	（1）	（2）
car_pop_per	− 0. 408 （2. 500）	
lcar_pop		0. 160 （0. 191）
控制变量	控制	控制
城市效应	控制	控制
时间效应	控制	控制
样本量	1286	1286
R^2	0. 4410	0. 4416

8.6.6　考虑地区产业政策竞争的估计检验

在新能源汽车产业政策制定过程中，地区间可能会呈现无序竞争格局。具体而言，地方政府在出台产业政策时，通常也会比较其他地区的政策，甚至通过政策来抢企业、抢资源。为避免这类政策互动现象造成变量间关系的错误解读，本章进一步将中国分为东部及非东部地区两大区域，以区域内除本地区之外其他地区的政策效力的均值来量化政策互动关系，具体生成变量 *lpenvir_other*，并将其加入基准回归模型中进行估计。从表 8 – 12 的结果来看，环境型政策（*lpenvir*）的正向影响依旧显著成立，由此进一步证实了本章研究的可信性。

表 8 – 12　　　　　　　　其他稳健性检验分析

解释变量	被解释变量
	lpatent
lpenvir	0. 011 ** （0. 005）

续表

解释变量	被解释变量
	lpatent
lpenvir_other	0.030 (0.023)
控制变量	控制
城市效应	控制
时间效应	控制
样本量	2635
R^2	0.570

8.6.7　城市层面异质性分析

已有研究表明，产业政策效果取决于地区经济的一些现实约束，如地区基础产业发展情况、产业结构布局、产业发展规模等（周振华，1990）。基于此，本章进一步检验产业政策是否具有"普适性"，即政策在不同地区是否会产生差异效果。首先，本章根据是否为资源型城市进行分组回归。对资源型城市的划分主要依托《全国资源型城市可持续发展规划（2013－2020年）》，若城市在该规划的262个资源型城市中则将其定义为资源型城市，否则为非资源型城市。大体上看，产业政策效果存在一定的区域异质性。就政策总体和环境型政策而言，产业政策更适宜在非资源型城市施行，对资源型城市新能源汽车行业发展并无激励作用（见表8－13中的第（1）、第（2）、第（3）、第（4）列）。究其原因，"资源诅咒"假说认为，丰富的自然资源对经济增长具有抑制作用（邵帅和齐中英，2008；万建香和汪寿阳，2016）。胡援成和肖德勇（2007）认为，资源产业的强劲发展使得政府有意或无意地轻视或忽视人力资本的培育、相关技术和要素的投入，进而产生"资源诅咒"效应。在此，本章得出与之类似的结论，即城市所具备的资源优势反而致使地方产业政策激励效果难以显现。

表 8 - 13 基于城市异质性的政策效果分析

解释变量	被解释变量							
	lpatent							
	资源	非资源	资源	非资源	大中城市	小城市	大中城市	小城市
	（1）	（2）	（3）	（4）	（5）	（6）	（7）	（8）
lpnumber	0.0043 （0.0100）	0.0095 * （0.0052）			0.0146 * （0.0074）	0.0068 （0.0062）		
lpenvir			- 0.0004 （0.0114）	0.0189 *** （0.0068）			0.0282 ** （0.0107）	0.0044 （0.0069）
控制变量	控制	控制	控制	控制	控制	控制	控制	控制
城市效应	控制	控制	控制	控制	控制	控制	控制	控制
时间效应	控制	控制	控制	控制	控制	控制	控制	控制
样本量	715	1920	715	1920	1082	1553	1082	1553
R^2	0.3142	0.6373	0.3140	0.6389	0.7158	0.4222	0.7185	0.4218

考虑到政策效果也可能与地区经济发展状况有所联系。本章按城市是否属于住建部所公布的 70 个大中城市进行分组回归，对应结果如表 8 - 13 中的第（5）、第（6）、第（7）、第（8）列所示。可以明显看出，与小城市相比，大中城市地方产业政策对绿色产业发展的激励效果更为明显。大中城市样本回归中的变量 lpnumber、lpenvir 的影响在统计上分别通过了 10% 和 5% 的显著性水平检验，小城市样本则并不显著，这一结果侧面喻示新能源汽车产业政策效果受制于地区经济发展水平。产业政策还应"因地制宜"，避免"一刀切"的制定和实施方式。

8.6.8 产业政策与创新类型

前文分析结果均已表明，新能源汽车产业政策对行业创新发展较为有效，表现为 lpnumber 对行业创新存在显著正向影响，且与其他政策类型相比，环境型政策更能有效激励行业创新。至此，本章已初步明确地方产业政策的有效性以及哪种产业政策更为有效，然而，产业政策究竟激励了哪种创新依旧存疑。具体来说，高校作为创新驱动战略的重要主体，拥有丰富的技术和人才资源，但缺少相应的实践经验。企业是行业创新发展的核心主体，政府政策、供需关系、市场环境等都能为其创新活动提供经验和指导。但与高校相比，其研发资源相对稀缺，而个人作为创新主体相对较难获得政府支持，技术和人才等研发资源也不充足。对比而言，高校研究成果存在难以转化、使用效率低、与市场需求脱节以及与企业需求不一致等现象。而高校所具备的设备、人才、环境等资源优势，又是大多数企业所缺少的（周佩等，2013）。考虑到创新主体间的显著差异，也为佐证政府是否出台产业政策并不完全依赖于地区企业资源禀赋，本章根据专利申请人信息对各个专利进行分类汇总。得到城市层面的高校专利数（*lpatent_school*）、企业专利数（*lpatent_company*）以及个人专利数（*lpatent_personal*），并分别以此为被解释变量就地方产业政策对不同创新主体的影响进行回归分析。基准回归结果表明，新能源汽车产业政策提高了地区高校专利数及个人专利数，但于企业创新发展并无益处，如表 8 – 14 所示。

表 8 – 14   产业政策激励了何种创新——基于专利申请差异的分析

解释变量	被解释变量					
	lpatent_school		*lpatent_company*		*lpatent_personal*	
	(1)	(2)	(3)	(4)	(5)	(6)
lpnumber	0.0198 *** (0.0065)		0.0080 (0.0052)		0.0073 (0.0050)	
lpenvir		0.0159 ** (0.0080)		0.0088 (0.0065)		0.0131 ** (0.0064)
控制变量	控制	控制	控制	控制	控制	控制
城市效应	控制	控制	控制	控制	控制	控制
时间效应	控制	控制	控制	控制	控制	控制
样本量	921	921	1745	1745	2129	2129
R^2	0.4985	0.4949	0.5721	0.5721	0.2502	0.2518

已有研究表明，随着技术结构的日益复杂，技术创新需要更多的知识储备量也面临着更高的风险。因此，协同研发逐渐成为行业实现创新的重要方式（周开国等，2017）。张协奎等（2015）也认为，在经济全球化日益深入的新形势下，协同创新将成为整合区域创新资源、提高区域创新效率、推动区域经济社会发展的重要途径。因此，加强各创新主体间的协同创新对于促进地区创新发展是重要且必要的。此外，对区域创新系统而言，各区域创新系统的内部企业、高等院校、科研机构、政府、金融中介等创新主体之间通过协调互动等方式，组织创新资源以获得创新成果往往更为有效（白俊红和蒋伏心，2015）。鉴于新能源汽车产业政策对于高校及个人存在更强的激励作用，切实营造高校、企业和个人间的协同共建对新能源汽车行业发展尤为必要。

8.6.9　产业政策对新能源汽车销售的影响

前文就地方产业政策的影响特征做出多维度分析，并已明确新能源汽车产业政策总体达到了激励行业创新发展的目的，且与供给型和需求型政策相比，环境型政策更为有效。进一步，本章着重关注新能源汽车的市场表现，即在竞争环境下，新能源汽车行业等绿色产业会对地方产业政策做出何种动态反馈？对此，该部分结合新能源汽车销量数据，试图揭示产业政策激励下的新能源汽车行业的市场竞争力。具体生成城市半年度层面的销售量数据（*lbnumber*）进行回归分析，对应回归结果如表 8 – 15 所示。

表 8 – 15　　　　　　　　产业政策、创新发展与市场动态

解释变量	被解释变量	
	lbnumber	
	(1)	(2)
pnumber_patent		0.0089 *** （0.0033）

续表

解释变量	被解释变量	
	lbnumber	
	(1)	(2)
pnumber	−0.0208 *** (0.0057)	−0.0374 *** (0.0088)
lpatent		0.0097 (0.0434)
控制变量	控制	控制
城市效应	控制	控制
时间效应	控制	控制
样本量	2295	2295
R^2	0.2162	0.2205

由表 8 – 15 可以看出，伴随着产业政策支持力度的加大，新能源汽车销售数量有下降的趋势（见表 8 – 15 中的第（1）列）。究其原因可能在于新能源汽车企业的补贴依赖心理，政策倾斜反而使得企业疏于提高用户体验，使得其市场表现不佳。考虑到产业政策的核心着力点在于提升行业创新能力，这一创新能力的提高能否转换为市场价值便成为一个值得关注的话题。基于此，本章引入地区新能源汽车行业创新实力与产业政策效力的交互项进行回归，对应回归结果如表 8 – 15 中的第（2）列所示。可以看出，伴随着地区新能源汽车行业创新实力的提升，产业政策对行业销量的抑制作用逐步削弱，表现为交互项 pnumber_patent 显著为正。说明新能源汽车行业创新能力的提升在一定程度上抑制了产业政策导致的销量下跌现象。创新能力的提升有利于解决新能源汽车核心性能问题、实现关键技术领域的突破。虽然创新成果转换率低等问题仍然存在，但技术创新水平的提升会为新能源汽车行业发展夯实技术基础，相关行业的不断发展也将推动新能源汽车行业的发展。

8.7　本章小结

作为"绿水青山"就是"金山银山"理念的现实实践，新能源汽车行业发展一直备受关注，也受到多维度的政策倾斜。2019 年，中央出台《关于进一步完善新能源汽车推广应用财政补贴政策的通知》，明确地方应完善新能源汽车相关政策，过渡期后不再给予部分新能源汽车购置补贴。补贴退坡后的新能源汽车行业如何"杀出重围"，实现创新发展便成为政府关注的重点。基于这一现实背景和理论诉求，本章在收集、整理中国省级层面新能源汽车政策样本数据的基础上，结合中国专利数据库、新能源汽车销售数据库等，实证分析地方产业政策是否引领了新能源汽车行业发展。研究发现，新能源汽车产业政策能够有效激励行业创新发展，且与其他政策工具相比，环境型政策最为有效。考虑变量衡量误差等问题后，相应研究结论依旧成立。进一步分析新能源汽车的市场表现发现，产业政策显著降低了新能源汽车销量。伴随着行业创新实力的提升，产业销量降低的局面有所缓解。以上结论可为中国新能源汽车产业政策的制定及实施提供参考。

本章发现，新能源汽车产业政策的积极影响值得肯定，"集中力量办大事"的政策理念确实有所成效。但在政策工具选择过程中，还应有所倾斜。可以适当从目标规划、金融支持、法规规范、产权保护和税收优惠等角度出台政策促进行业创新。在此基础上，本章还得出以下结论及建议：首先，与对企业创新的影响不同，地方产业政策显著激励了高校、个人专利申请行为，对此政府还应注意引导各创新主体间的协同发展，提高创新成果转换率。其次，与资源型城市相比，产业政策在非资源型城市中政策效果更为明显。喻示地方产业政策效果与地区资源禀赋存在关联，资源丰裕反而可能掣肘产业政策实现积极影响。政府还应对此加以引导，避免由"资源祝福"转为"资源诅咒"。最后，与小城市相比，大中城市产业政策效果更为可观，表明新能源汽车产业政策效果受制于地区经济发展水平。

产业政策制定还应"因地制宜"，避免"一刀切"的制定和实施方式。

此外，本章发现，地方产业政策引导作用较为稳定，不会受到外在政府行为的干扰。表明给予地方政府更多的决策权是合理的，这一发现响应了"赋予省级及以下政府更多自主权"的十九大指导理论。值得一提的是，本章还发现，地方政府政策可能引致新能源汽车行业销量下跌问题。该结果表明，当前中国的地方政策扶持优势未能完全转换为市场价值，"补贴依赖"现象可能仍是新能源汽车行业发展的"绊脚石"。进一步分析发现，当产业创新实力提升后，产业政策对汽车销量的负面影响也会逐步降低。由此本章认为，在政策退坡的大背景下，提升"造血"实力对新能源汽车行业长远发展具有重要意义。政府还应合理引导产业布局，改变当下新能源汽车所面临的"低水平重复"竞争格局，鼓励创新，从而为中国新能源汽车行业发展注入新活力。

总体上，考虑到新能源汽车"不仅为各国经济增长注入强劲新动能，也有助于减少温室气体排放，应对气候变化挑战，改善全球生态环境"①。对此，政府在对新能源汽车行业进行政策"输血"的同时，更应鼓励其积极"造血"。要做到既不"因噎废食"，也不"矫枉过正"。因地制宜，选取适宜的产业政策鼓励新能源汽车行业创新发展。对于当前新能源汽车行业发展可能出现的"补贴依赖症"等情况，地方政府还应打好"政策组合拳"，实现政策合力，助力新能源汽车行业持续健康发展。当然，基于本章的研究也将进一步从产业政策视角丰富波特效应的中国实践研究。

---

① 援引自新华网的报道：http://www.xinhuanet.com/politics/2019-07/02/c_1124698571.htm。

第 9 章

政策组合的策略：基于政策文本视角

　　作为政策扶植的典型产业，以绿色低碳等为典型特征的战略性新兴产业引领着产业发展的全新方向，也是中国经济绿色发展的决定性力量。第8章分析发现，中国政府可以利用产业政策推动新能源汽车这一新兴绿色产业长效发展。但政策实施过程中的产业政策"碎片化"现象同样不容忽视。王海和许冠南（2017）发现，为迎合落实中央关于促进新能源汽车发展的宏观要求，地方政府出台了大量乃至冗杂的产业政策，形成庞大的政策体系。这可能导致部分企业无所适从，最终致使产业政策实施偏离理想效果。那么，我们要如何完善已有政策体系来实现预期目标？对这一问题的研究离不开对政策链条的梳理，也需从多部门视角关注政策协同的潜在作用。基于此，本章借鉴王海和许冠南（2017）的研究，在全面整理战略性新兴产业政策文本的基础上，就不同类型产业政策的协同路径及其作用机理给出适当的解释。考虑到地方官员是引导地区产业发展的关键角色，本章还将进一步从稳定性视角探究官员更替对产业政策实施效果的影响。结合当前政策形势来看，尽管中国已然意识到"政策组合拳"的重要性，但长期存在的产业政策"碎片化"现象所造成的危害仍不容忽视，切实提高政策协同能力必须成为下一步改革的重点。本章结论进一步揭示了政策协同对企业创新发展的重要作用，也从战略性新兴产业发展视角为中国政府如何助推经济高质量发展、助力实现波特效应提供理论依据和现实指导。

9.1　战略性新兴产业研究的必要性

后金融危机时代，为了占领新一轮的经济制高点，世界各国对战略性新兴产业发展都较为注重，并据此出台了一系列培育措施，如美国政府的"美国创新新战略"、英国的"八大技术和战略产业"、我国的"七大战略性新兴产业"。虽然在发展目标、路径选择上有所差异，但大多还是集中于知识技术密集、物质资源消耗少、成长潜力大、综合效益好的产业。从我国实践来看，战略性新兴产业的培育主要依靠政府资金来缓解产业发展自身投入高、风险大以及企业动力不足的缺陷。有学者研究认为，我国战略性新兴产业的发展正由企业的自组织行为向政府引导与推动的社会化行为转变（张国胜，2012），政策对战略性新兴产业发展的影响日益凸显（肖兴志和王海，2015；王海和许冠南，2017）。从实践意义上来说，围绕战略性新兴产业发展进行政策层面的思考很有必要。其中，创新作为战略性新兴产业发展的灵魂所在，对其进行研究具有较高的实践价值。

从基本的政策脉络上来看，我国创新政策呈现出多部门、多领域的态势，政策内容、范围都较为全面。这也在客观上需要部门间加强沟通协调，实现政策协同，但这一目标仍难以实现。一是统筹难度过大。由于中国幅员辽阔，很难有一项通用的准则适用于全国，为此，在一般性的经济事务处理中，大多采取因地制宜的方案。二是制度设计相对落后。虽然在政策发布上呈现出多部门的格局，但政策运行机制依旧采用"确定目标—分工负责—各自评价"这一单一政策效率衡量的传统模式，政策出台自身诱导了效率和效能的双向作用（刘华和周莹，2012），从政策向量的角度来看，难以达到理想的协同效果（见图9-1）。为此，在分析政策实施效果时，中央政策设计和地方政策执行都不容忽视。

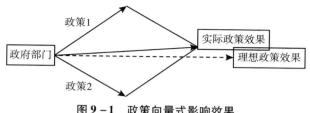

图 9 - 1　政策向量式影响效果

从图 9 - 1 可以看出，如果我们假设政策都是围绕着同一目标来努力，综合效果却可能出现 "1 + 1 < 2"。每一项政策实施的结果，背后都是多项作用力的综合①。现实的复杂性迫使经济学家以一个更为宏观的角度去分析解释宏观经济现象。哈肯（Haken，1989）提出的协同理论为这种研究思路提供了理论土壤，即通过分析系统各要素之间、要素与系统之间、系统与环境之间协调、同步、合作和互补的关系来为政府决策提供建议（Haken，1989；张国兴等，2014）。战略性新兴产业的发展历程也是如此。从 2011 年 1 月 ~ 2014 年 6 月的战略性新兴产业政策数据来看，合计出台 439 项政策，涉及国务院、国家税务总局、科技部办公厅等多家部门。但却依旧出现产能过剩、低水平重复建设等困境，现实压力迫使政府寻求政策间的协同效应。

大量研究表明，企业创新离不开其外部制度环境，其中政策协同所带来的影响不容忽视。弗里曼（Freeman，1992）以及伦德瓦尔（Lundvall，2002）等曾从国家创新系统（NSI）这一概念出发来思考技术发展与组织制度嵌入性之间的关系。而早在 2000 年，欧盟在 Lisbon Summit 上提出要构建基于创新政策的 OMC（Open Method of Coordination），目的在于用软治理工具替代原有的条约规定以促进政策协同（Kaiser and Prange，2005）。李伟红等（2014）通过我国地区层面数据验证发现，创新政策工具间的协同有利于经济增长，其中金融支持的作用最为可观。而从中央来看，2014 年，习近平总书记在省部级主要领导干部学习贯彻十八届三中全会

---

①　当然，在此我们也无法确定地认为所有的政策都是勠力同心地来促进某一行业的发展，从现实的角度来看，也并不可能，很多经济问题自身就存在一定的相悖性，如在当前经济条件下，我们无法轻易获得外资溢出和自主研发的双赢。

精神全面深化改革专题研讨班讲话中提出并论述了关于全面深化改革政策的五个关系。他说，"要弄清楚整体政策安排与某一具体政策的关系、系统政策链条与某一政策环节的关系、政策顶层设计与政策分层对接的关系、政策统一性与政策差异性的关系、长期性政策与阶段性政策的关系"①。可以说，中央已经开始重视政策间的协同效应，但具体协同路径还有待考察。

　　基于以上理解，本章试图从战略性新兴产业政策文本提取信息来分析哪种政策协同有利于企业创新发展。通过收集整理 2011 年 1 月～2013 年 12 月国家各部委出台的涉及战略性新兴产业的政策数据，结合 Wind 数据库平安证券行业分类中的"平安战略性新兴产业"上市公司企业样本，细化分析政策协同和地方政府的影响。本章有以下创新点：一是基于政策文本分析政策协同对创新发展的影响，且不同于现有研究，本章通过企业层面的数据来对这一机制加以验证；二是结合战略性新兴产业进行研究，作为政策扶植的典型产业，战略性新兴产业的发展离不开政府的决策支持，政策对其影响最为显著；三是与彼得斯等（Peters et al.，2012）不同的是，本章并不割裂思考某一类型的政策作用，主要基于政策协同进行经验分析，同时综合考虑了地方官员更替可能产生的影响。

9.2　战略性新兴产业政策的基本现状

9.2.1　政策数量、政策效力的演变

　　从时间维度来看，2010 年 10 月，国务院出台的《国务院关于加快培育和发展战略性新兴产业的决定》（以下简称《决定》）着重提出为了抢占

---

　　①　具体信息来自新华网的报告：http://news.xinhuanet.com/politics/2014 - 02/21/c_119448815.htm。

新一轮经济和科技发展制高点，现阶段重点培育"七大战略性新兴产业"。各级政府随之出台相应发展规划和配套政策，为战略性新兴产业的发展提供政策支持。而正是由于 2011 年是"十二五"开局之年和培育战略性新兴产业的起步之年，本章对新兴产业政策文本的搜寻从 2011 年开始，并据此给出政策的演变趋势（见图 9 - 2、图 9 - 3）。

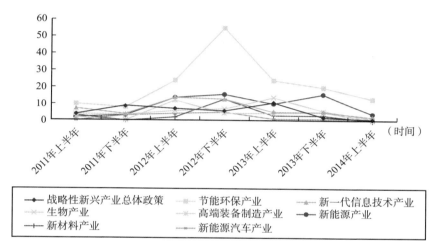

图 9 - 2　政策出台数量基本描述

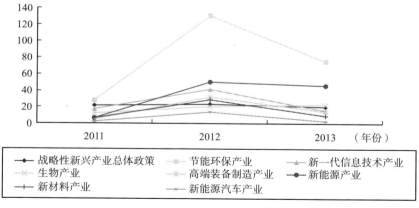

图 9 - 3　政策效力基本描述

由图 9 - 2、图 9 - 3 可以看出，除生物产业，其他产业在政策数目、效力上大致呈现出倒"U"型变化，其中 2012 年，相应政策文本出台数量最多、政策效力最高。同时在政策侧重点上，节能环保产业政策数量最高，这也充分体现了中央的发展倾向，通过节能环保来缓解我国的资源约束，拉动内需，提升产业竞争力①。在这一基本描述下，我们参考克姆（Kim，1997）等的做法，通过言辞和语意将政策基本划分为旨在加强需求的政策（需求型政策：政府采购、贸易政策、用户补贴、应用示范以及价格指导）、旨在加强供给的政策（供给型政策：人才培养、资金支持、技术支持以及公共服务）以及旨在构建发展环境的政策（环境型政策：目标规划、金融支持、法规规范、产权保护以及税收优惠）。基本的分布脉络如图 9 - 4、图 9 - 5、图 9 - 6 所示。

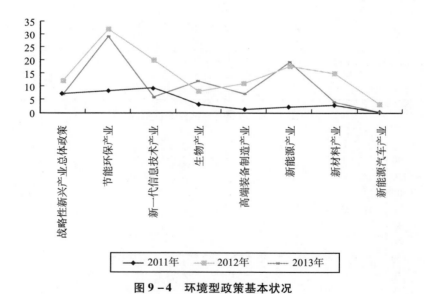

图 9 - 4　环境型政策基本状况

① 来自新华网的报道：http：//news. xinhuanet. com/fortune/2013 - 08/11/c_116897014. htm。

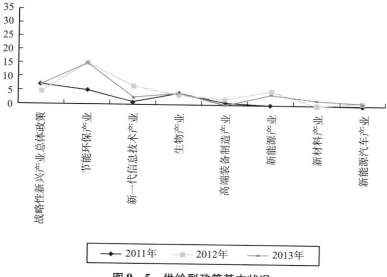

图 9 - 5　供给型政策基本状况

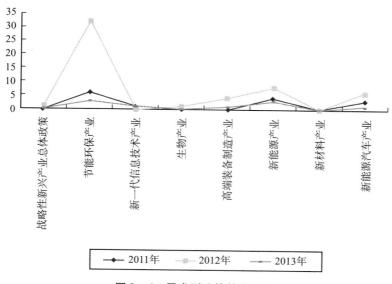

图 9 - 6　需求型政策基本状况

从图 9-4、图 9-5、图 9-6 可以看出，在政策工具的选用上，政府较为倾向于环境型政策，而供给型政策与需求型政策采用相对较少。从现实来说，一个良好的生存环境，关系到企业的平稳持续发展，这符合《决定》中所着重提出的"营造良好的市场环境，调动企业主体的积极性"，同时也与当前政策制定中的"普惠"倾向较为一致。在具体产业上，节能环保产业在三种类型政策上都具有较高的关注度，这与国家的高度重视是分不开的（《决定》中将节能环保产业列为七大战略性新兴产业之首，从图形来看，相对政策关注力度也的确是按照《决定》中所列产业顺序大致递减的），从规划来看，我国政府也意图到 2020 年，把节能环保产业打造为中国国民经济的支柱产业，政策分布存在一定的产业差异。

9.2.2　措施协同的基本现象

对于政府的政策措施协同，我们在前文三类政策划分的基础上已进行了思考。从样本政策文本来看，政策措施协同基本呈现出两种类型：一是单一政策措施内协同（见图 9 - 7），表现为同一政策既涉及需求型也兼顾到供给型（或者环境型），或者在某一类型（如供给型）内部涉及两种具体措施（人才培养和资金支持）；二是政策措施间协同，指的是在同一年，政府既出台了需求型政策，也出台了供给型政策，政策基本目标一致，但却是从不同的手段出发。通常而言，政策措施间协同较为常见。从宏观经济调控来看，中国政府越发注重完善宏观经济政策框架体系和调控思路，而并不是简单地依靠"经济刺激计划"[1]。政策措施协同逐步提上议程，对于此种协同的衡量，本章采用效力最小值函数的形式来表示。这是由于几乎每种产业都会出台三种类型的政策，但衡量协同程度不能简单地从总量上考虑。为此，本章从政策配套的思想上构建效力最小值函数来进行衡量，定义两两措施组合中的最小效力为协同效力。具体政策间协同分为供给环境型措施协同（见图 9 - 8）、供给需求型措施协同（见图 9 - 9）以及环境需求型措施协同（见图 9 - 10）。

---

[1]　源于新华网的报道：http://news.xinhuanet.com/fortune/2013 - 08/26/c_125244816.htm。

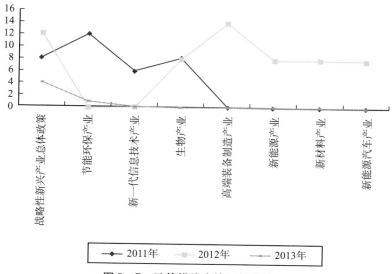

图 9 - 7 政策措施内协同基本状况

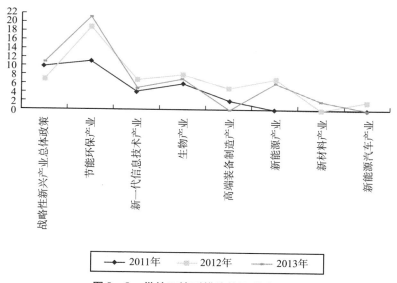

图 9 - 8 供给环境型措施协同基本状况

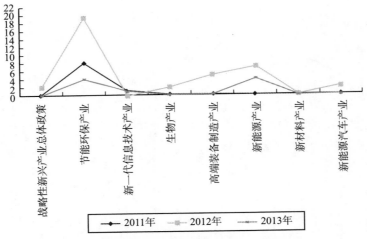

图 9 - 9 供给需求型措施协同基本状况

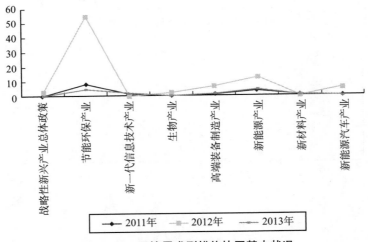

图 9 - 10 环境需求型措施协同基本状况

从图 9 - 7、图 9 - 8、图 9 - 9、图 9 - 10 可以看出，在政策内协同问题上，2011 年和 2012 年呈现出较多的政策内协同，二者侧重产业也存在一定差异。而对于措施间的协同，供给环境型措施协同在三年间一直保持较高态势，相对年度差异并非十分明显。而供给需求型和环境需求型措施协同在 2012 年表现尤为突出，其中，节能环保产业依旧保持很高的政策关注力度，相对协同水平较高。

9.2.3 部门协同的基本现状

当前政策的协同倾向尤为明显，有学者强调，"为了确保政策落实，要加强政策间的普惠、实用、协同以及督导""要加强部门的协调"[①]。尤其对于战略性新兴产业而言，产业自身发展尚未达到成熟状态，需要较多的经济资源支持，而这种资源需求的重要掣肘在于部门间的协同共进。从当前政策趋势来看，虽然政府开始重视协同，但政策碎片化现象不容小视，政策间的矛盾、重叠、多变时有发生。而部门间政策协同也存在不协同的风险，对于某些部门而言，产业利益相关度较低，难以有很大的激励去加大关注力度，造成不同部门间的协同失灵，反而造成负面效果。为此本章构建政策部门协同这一变量，具体通过政策发文部门数量乘以政策效力，具体包括国务院、国家税务总局、科技部办公厅、商务部、工业和信息化部、工商总局、质检总局等多家部门。从基本的部门协同状况（见图9-11）

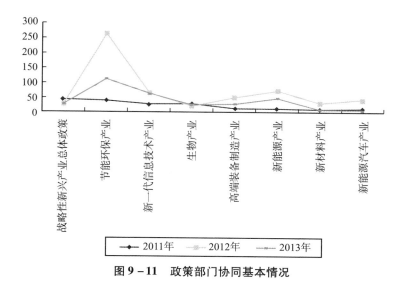

图9-11 政策部门协同基本情况

---

① 援引自 http://www.chinanews.com/cj/2015/06-05/7325090.shtml。

来看，除节能环保产业外，政策部门间的协同趋势较为一致，2012 年的政策部门协同力度相对微高，而节能环保产业在 2012 年、2013 年都保持较高态势。中央对该产业的重视程度可见一斑。

近年来，随着我国政策制定体系的优化，政策协同已经成为政策制定者不可忽视的重要目标之一。有研究表明，政策协同关系到政策实施效果，中国经济政策正逐步摆脱单纯依靠行政措施或其他单一政策措施实现政策目标的做法，而转向综合利用各种政策措施（彭纪生等，2008；张国兴等，2014）。一般来说，对战略性新兴产业而言，相应政策出台有助于企业成长，但从新兴产业发展来看，却依旧出现了许多不和谐的现象，如产能过剩、套取补贴等。一个可能的原因在于政策制定自身出现了问题，造成"政出多门""无部门负责"等怪现象。对此，发达国家更多地依靠政策协同来解决政策碎片化带来的一系列问题，如英国、美国、澳大利亚、加拿大等西方国家的协同政府改革。

大致来看，政策协同在逻辑上可以分为横向部门协同、纵向部门协同以及二者皆备这三类（Meijers and Stead，2004），而经济合作与发展组织（OECD）主要从横向、纵向以及时间维度来进行解读。出于不同的研究视角，存在多样的分类标准（张国兴等，2014）[①]。但是综合来说，政策协同都是为了达到同一目的所进行的努力，最大限度上降低交叉、重复和冲突，以确保降低政策碎片化所带来的政策效率低下（朱光喜，2015；Bakvis and Browny，2010），在具体影响路径上，也是会从内部决策和外部决策上分别有所作用（Meijers and Stead，2004）。通过分析战略性新兴产业政策文本，本章研究着力点将在于政策措施内协同、政策措施间协同以及政策部门协同三种协同行为及其所可能会造成的影响，如图 9 - 12 所示。

---

① 对此，张国兴等（2014）已经做了较为详细的政策综述，在此不再列举。

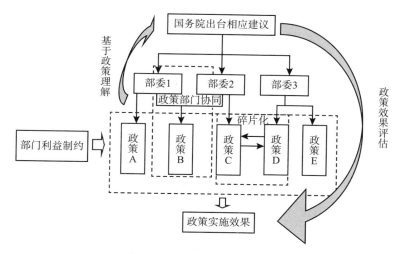

图 9 - 12　产业政策实施流程

对于政策措施协同的影响作用，本章将从两种不同的路径进行思考。其中政策措施内协同，在前文我们已经指出，本章指的是一项政策涉及多项手段。从表面来看，这一协同方式最为可取，但"面面俱到"带来的可能是相应监管、执行不力，政策沦为"一纸空文"。相对来说，本着"不'十全大补'、不面面俱到"的要求，这种类型的政策文本在当前并不多见。而政策间协同作为政策协同的趋势所在，相应"政策组合拳"出台较为常见①，具体的协同影响，我们也难以从理论上给出答案。为此，在后文中，本章将对此进行一系列的实证检验，以判断哪种政策协同有利于企业创新发展。

9.3　产业政策的协同效果：理论假说

正如肖兴志和王海（2015）所言，企业创新具有持续周期长、成本高

---

①　在此，我们并不能主观判断这种政策间的协同是制度设计的结果，还是部门分工后的偶然，但是这种协同趋势带来的影响值得研究。

和风险大的特点，创新失败的案例比比皆是。作为一项风险决策，管理者进行创新决策时应较为谨慎。同时，由于技术和知识具有公共产品的溢出特性，创新型企业的私人收益率往往低于社会收益率，研发活动的市场失灵和投资不足等问题难以回避，进一步引致企业创新投入动力不足。对于这一现象，普遍的做法在于，一方面给企业提供融资支持，另一方面出台相应政策缓解企业投入产出的不对等，如提供补贴支持和加强专利保护等，大多数学者基于这些视角来进行研究。对于战略性新兴产业而言，由于其技术上的复杂性、不确定性、外溢性以及市场需求的不足，企业研发积极性不高。即使各级政府为战略性新兴产业发展实施了一系列的激励措施，但却导致更深层次的政策问题。即肖兴志和王伊攀（2014）所指出的，企业可能单纯地依靠政策来粉饰业绩和实现持续经营。

究竟应当出台什么样的政策？如何实现政策效用最大化？有学者已经开始意识到"运动式"治理和"修马路"式治理的不合理性，呼吁由"运动治理范式"向"常态治理范式"转变，强调打出中国治理的政策组合拳。政府也已经意识到政策协同的重要性，开始注重政策协同的构建。但中国渐进式的制度变革仍存在较大的实施风险和结果的不确定性，产业政策的协同效果也因此存在不确定性。

随着中国政策制定体系的优化，政策协同已经成为政策制定者不可忽视的重要目标之一。虽然理论上政策协同有利于整合资源，实现政策合力，促进战略性新兴产业发展。但政策实施的效果不仅取决于政策措施选取，更需要配套政策和运行环境的支撑。从现有战略性新兴产业政策的制定来看，虽然为了确保政策落实，需要加强政策间的普惠、实用、协同、督导以及加强部门的协调。但从当前政策趋势来看，政策"碎片化"现象不容小视，政策间的矛盾、重叠和多变时有发生。以新能源产业为例，中国先后出台四部法律，即《煤炭法》《电力法》《节约能源法》《可再生能源法》。但由于制定部门并不相同，会出现法律彼此重叠等问题。

此外，部门间也存在不协同的风险，对于某些部门而言，产业利益相关度较低，造成不同部门间协同失灵，出现部门利益分割，不利于产业发展。这是因为部门协同虽然在理论上因为分工在专业性和效率上有所提升，但也因为存在部门利益分化，出现虚假的甚至错误的政策协同。随着功能主义和专业分工的强化，政府治理精细化使得各个部门在治理过程中逐步形成相对稳定的部门利益。部门间各自为政使得政府治理缺乏统一规划，协作机制有所不足，难以实现有效的统筹规划，政策实践效果有待于进一步的实证检验。因此，政策协同效果存在不确定性，其往往取决于政策设计的合理性。因此，本章提出以下假说 H1。

假说 H1：虽然理论上政策协同有利于改进政策实施效果，但这一影响并不确定会因政策自身影响呈现出一定差异。

伴随着分税制改革后的财政分权和经济政策分权，地方官员具备了调控地方经济增长的空间和手段。这意味着地方官员的领导能力和决策水平直接影响政策执行效果。随着分税制改革的逐步推进，地方经济发展的方向和质量越发与地方官员的决策导向密切相关，对企业而言，中国的财政分权改革赋予了地方政府促进辖区经济增长的动力，本章也将对官员更替等行为的影响加以分析。

9.4　变量说明与数据来源

前文已经提及政策协同的若干内涵，并对其可能造成的影响进行了分析。但这种影响是否显著以及影响方向有待实证数据的检验。为此，本章在战略性新兴产业政策文本收集的基础上，结合企业层面的数据进行相应的实证分析。

对于企业创新发展程度的衡量，本章将主要基于 TFP 进行测算。然而，如何识别稳健可靠的 TFP 存在方法论上的疑问。这是因为企业进行要素投入时，往往综合考虑其 TFP 水平，因而要素投入是内生的。传统的 OLS 估计则要求要素投入为外生变量，这一问题即使控制个体效应也难以解决，生产率冲击依然会影响要素投入决策。为此，本章基于奥利和佩克斯（Olley and Pakes，1992）提出的半参数估计法（以下简称 OP 法）进行 TFP 测度。由于本章选择的数据样本中不存在进入退出问题，也就不存在样本选择问题，即只考虑 OP 法的要素投入内生问题。但 sta-ta 官方提供的命令默认需要存在进入退出，为此需要对原始命令进行调整。本章对亚萨尔等（Yasar et al.，2008）提供的程序进行修改以剔除样本选择的估计过程，在此基础上仅考虑要素投入内生问题进行 TFP 测算①，实际估计中还对其进行了对数化处理得到 lntfp_op 这一变量。

为了刻画战略性新兴产业政策，本章通过国务院及各部委的官方网站、各战略性新兴产业技术协会网站、清华大学公共管理学院政府文献信息系统以及战略性新兴产业研究内刊②等途径，采用网络数据采集、全文关键字检索等方法，收集整理了战略性新兴产业概念提出后的相关政策，即对中央部委颁布的战略性新兴产业相关政策进行梳理和分析。根据其影响范围，本章进一步将政策分为总体政策和分行业政策，前者指政策适用于整个战略性新兴产业，后者则具体影响某一产业。具体产业政策的分类存在多种方式。多西（Dosi，1982）将产业政策对技术创新的影响分为供给侧的科学技术和需求侧的需求拉动两类。罗斯韦尔和泽格维尔德（Roth-well and Zegveld，1985）基于政策工具视角将政策分为供给型政策、需求型政策和环境型政策三类，本章亦然。其中，供给型政策指政府通过对人才、技术、资金、公共服务等支持直接扩大要素供给的政策；需求型政策指通过政府采购、贸易政策、用户补贴、应用示范和价格指导等措施减少市场的不确定性，积极开拓并稳定战略性新兴产业市场；环境型政策指政府通过目标规划、金融支持、税收优惠、法规管制和产权保护等政策影响发展的环境因素，从而间接影响并促进新兴产业发展。三者影响路径并不一致，赵筱媛和苏竣（2007）研究认为，供给型和需求型政策对新兴产业发展起直接推动作用，而环境型政策力图提供有利的政策环境，起到间接作用。

通过分析战略性新兴产业政策文本，本章将重点研究不同产业政策的

<hr/>

① 亚萨尔、拉齐博尔斯基和波伊（Yasar, Raciborski and Poi, 2008）作者之一拉齐博尔斯基在 stata 官方咨询平台对此做出了答复，见：http：//statalist. 1588530. n2. nabble. com/st - Olley - Pakes - using - td1659658. html。

② 战略性新兴产业发展部际联席会议办公室主办的《战略性新兴产业观察》内刊。

影响效果及其政策协同路径选择。其中，政策协同指同一年中政府出台了两种或三种不同类型的产业政策。例如，政府既出台需求型政策，也出台供给型政策或环境型政策，政策基本目标一致，但基于不同政策工具出发。对于政策协同效力的衡量，本章采用最小值函数的形式来衡量，定义两两措施组合中的最小效力为协同效力。效力测算与张国兴等（2014）较为类似，主要通过政策用词来定义其效力大小。

对于地方官员更替的衡量，本章首先定义该年内、该省份执政超过半年的官员为当年主政官员。若当年与上一年主政官员并非同一人，则认定出现官员更替，具体更替分为省长和省委书记两类。为了控制地区和企业自身层面的问题，本章还引入控制变量，包括企业规模、企业所在地省级财政支出所占比例以及企业的董事长和总经理是否为同一人。变量的描述性统计如表9-1所示。

表 9-1　　　　　　　　　　　　研究变量的描述性分析

变量	构建方法	均值	方差	最小值	最大值
$lntfp\_op$	OP 法测算的 TFP 的对数值	2.4527	0.0793	1.2104	2.7920
$allgonghuanxietong$	总体政策下的供给型环境型协同	9.3333	1.7	7	11
$allgongxuxietong$	总体政策下的供给型需求型协同	0.6667	0.9431	0	2
$allhuanxuxietong$	总体政策下的环境型需求型协同	0.6667	0.9431	0	2
$fengonghuanxietong$	分行业政策下的供给型环境型协同	4.9578	5.1228	0	21
$fengongxuxietong$	分行业政策下的供给型需求型协同	2.2089	3.9513	0	19
$fenhuanxuxietong$	分行业政策下的环境型需求型协同	4.0593	9.9879	0	54
$allbumenxietong$	总体政策下的部门协同	33	8.0443	25	44
$allcuoshixietong$	总体政策下的措施内协同	8	3.2671	4	12
$fenbumenxietong$	分行业政策下的部门协同	44.42	48.6201	6	264
$fencuoshixietong$	分行业政策下的措施内协同	3.3919	4.5770	0	14
$change\_1$	虚拟变量，省长发生更替为1，否则为0				
$change\_2$	虚拟变量，省委书记发生更替为1，否则为0				

9.5 实证结果与分析

9.5.1 政策措施内协同的影响

由图 9 - 7 可以看出，政策措施内协同的情形并不多见。这与近年来中央政策提出的"不'十全大补'、不面面俱到"的政策思路较为一致。本章对这一思想构建回归模型进行验证，具体见式（9 - 1）。从模型回归结果来看，这一思想是正确无疑的，政策措施内的协同并不利于企业创新。就战略性新兴产业发展而言，"面面俱到"的政策可能引致有关部门精力分散，政策协同重视度不足，相应监管、执行不力，政策沦为"一纸空文"，这一现象反而抑制了企业的创新发展进程（见表 9 - 2）。为此，中央对单一产业政策出台的全面性应当持慎重态度，不能想依靠单一政策解决所有问题，应该更多地去思考政策协同作用的可能。

$$y_{i,t} = \beta_0 + \beta_1 (-xietiao_{i,t}) + X_{i,t} + \varepsilon_{it} \qquad (9-1)$$

其中，$-xietiao$ 为相应的政策协同变量，定义两两措施组合中的最小效力为协同效力。X 为模型相关控制项，ε_{it} 为相应残差项。回归结果如表 9 - 2 所示。

表 9 - 2　　　　　　　政策措施内协同对企业创新的影响

解释变量	被解释变量			
	lntfp_op			
	总体政策下措施内协同		分行业政策下措施内协同	
allcuoshixietong	-0.0526 *** (0.0178)	-0.0389 ** (0.0189)		
Fencuoshixietong			-0.0228 * (0.0138)	-0.0162 (0.0141)

续表

解释变量	被解释变量			
	lntfp_op			
	总体政策下措施内协同		分行业政策下措施内协同	
常数项	17. 1276 *** (0. 1530)	7. 8752 ** (3. 9513)	16. 7359 *** (0. 0719)	4. 1323 (3. 8831)
控制变量	控制			
个体效应	控制	控制	控制	控制
时间效应	控制	控制	控制	控制
样本量	943	931	855	845
R^2	0. 0173	0. 0301	0. 0061	0. 0296

注：***、**、*分别表示在 1%、5% 和 10% 的水平上显著；括号内为标准误。

9.5.2 政策部门间协同的影响

前文已提及，政策部门协调对企业创新的影响存在很强的不确定性。单从表 9 - 3 的回归结果来看，部门间的协同并不利于企业创新进步，统计上也并不显著。这可能预示着，我国战略性新兴产业政策部门间的协同还只是纸面上的协同，并未起到实际效果。无论根源在哪，这都将成为我国政策改善的一大要点，我国应当切实地把政策相关部门的力量组合起来，发挥政策组织间的合力，确保措施落地，实现协同监管，为提高企业创新能力作出应有贡献。

表 9 - 3　　　　　政策部门协同对企业创新的影响

解释变量	被解释变量			
	lntfp_op			
	总体政策下部门协同		分行业政策下部门协同	
allbumenxietong	- 0. 0161 ** (0. 0072)	- 0. 0035 (0. 0126)		

解释变量	被解释变量			
	ln*tfp_op*			
	总体政策下部门协同		分行业政策下部门协同	
Fenbumenxietong			−0.0016 (0.0018)	−0.0030 (0.0019)
常数项	17.2370 *** (0.2457)	6.3273 (5.8678)	16.7291 *** (0.0956)	2.6478 (3.8679)
控制变量		控制		
个体效应	控制	控制	控制	控制
时间效应	控制	控制	控制	控制
样本量	943	931	855	845
R^2	0.0099	0.0218	0.0019	0.0322

注：***、**、* 分别表示在 1%、5% 和 10% 的水平上显著；括号内为标准误。

9.5.3 政策措施间协同的影响

政策执行不仅需要各级政府和部门、不同区域以及全社会的协同，更多地需要政策间的体系化设计，达到"多项政策支持、多个部门协力"促进产业转质升级的目的。为了确保样本量，本章在研究设计上依据政策内容将政策划分为供给型、环境型以及需求型三类，并通过最小值函数来为三者之间的协同程度赋值，在此基础上基于模型（9 -1）进行分析。表 9 -4 的研究结果表明，在总体政策上，与供给需求型、环境需求型相比，供给型与环境型政策的协同有利于企业创新，具备显著为正的刺激作用。从现实意义来看，中国政府应当注重供环型政策协同的构建。而供给需求和环境需求则表现抑制性作用，这与需求型政策可能有所关联。需求型政策主要包括政府采购、贸易政策、用户补贴、应用示范以及价格指导等方式，这种直接的政策干预方式会引致官员寻租以及企业粉饰业绩等现象。相对来说，反而不利于企业创新发展。假说 H1 得以佐证。

表9-4　　　　　　总体政策下的措施间协同对企业创新的影响

解释变量	被解释变量					
	ln*tfp_op*					
	总体政策下供环协同		总体政策下供需协同		总体政策下环需协同	
allgonghuanxietong	0.0811** (0.0340)	0.0677** (0.0344)				
allgongxuxietong			-0.1069* (0.0611)	-0.1145* (0.0618)		
allhuanxuxietong					-0.1069* (0.0611)	-0.1145* (0.0618)
常数项	15.9480*** (0.3207)	5.4212 (3.7120)	16.7748*** (0.0664)	4.9745 (3.7091)	16.7748*** (0.0664)	4.9745 (3.7091)
控制变量		控制		控制		控制
个体效应	控制	控制	控制	控制	控制	控制
时间效应	控制	控制	控制	控制	控制	控制
样本量	943	931	943	931	943	931
R^2	0.0113	0.0294	0.0061	0.0285	0.0061	0.0285

注：***、**、*分别表示在1%、5%和10%的水平上显著；括号内为标准误。

此外，在具体的细分产业政策上，供给环境协同的影响并不显著，并发生符号上的转变，而供给需求型以及环境需求型政策组合会抑制企业的创新发展。与总体政策相比，产业分类视角下的供给环境型政策组合作用并不显著（见表9-5）。这可能是由于战略性新兴产业发展较迅猛，相对来说针对性过强的政策，反而容易淘汰过时。由此，中央在强调政策间协同的同时，应当对政策的宏观性加以把握，具体产业的管理也不宜过细。

表9-5　　　　　　　分行业政策下的措施间协同对企业创新的影响

解释变量	被解释变量					
	ln*tfp_op*					
	分行业政策下供环协同		分行业政策下供需协同		分行业政策下环需协同	
fengonghuanxietong	0.0210 (0.0277)	-0.0105 (0.0307)				
fengongxuxietong			-0.0522 ** (0.0236)	-0.0563 ** (0.0236)		
fenhuanxuxietong					-0.0182 ** (0.00808)	-0.0179 ** (0.0081)
常数项	16.5547 *** (0.1455)	3.1006 (3.9834)	16.7701 *** (0.0742)	3.2208 (3.8214)	16.7288 *** (0.0625)	3.7362 (3.8258)
控制变量		控制		控制		控制
个体效应	控制	控制	控制	控制	控制	控制
时间效应	控制	控制	控制	控制	控制	控制
样本量	855	845	855	845	855	845
R^2	0.0013	0.0269	0.0108	0.0391	0.0112	0.0373

注：*** 、** 、* 分别表示在1%、5% 和10% 的水平上显著；括号内为标准误。

9.5.4　地方官员更替的干预影响

产业政策实施效果不仅取决于政策设计的合理性，还取决于政策是否实施到位。考虑到地方官员作为产业政策的实施主体，其执政稳定性一方面关系到中央政策的贯彻落实，另一方面也会影响企业的投资决策。战略性新兴产业更是如此，作为新兴产业，其产业基础较为薄弱，投资风险相对较大，企业在创新决策上更为谨慎。若地方官员出现更替现象，企业可能会因为担心未来政策变动而在能力建设上处于观望状态，引致企业创新停滞不前。从表9-6的回归结果可以看出，省长更替会显著抑制产业政策的协同效果发挥。

表 9－6　　　　　　地方官员更替对产业政策协同效果的影响分析

解释变量	被解释变量			
	ln*tfp_op*			
	省委书记更替		省长更替	
allgonghuanxietong × *change_2*	0.0002 （0.0001）	0.0002 （0.0001）		
allgonghuanxietong × *change_1*			− 0.0002 * （0.0001）	− 0.0002[b] （0.0001）
常数项	2.4553 *** （0.0010）	2.4884 *** （0.0433）	2.4562 *** （0.0011）	2.4897 *** （0.0433）
控制变量		控制		控制
个体效应	控制	控制	控制	控制
时间效应	控制	控制	控制	控制
样本量	1355	1340	1355	1340
R^2	0.0325	0.0501	0.0332	0.0514

注：b 表示在 15% 的水平上显著。

9.6　稳健性检验

9.6.1　企业创新发展是否存在测算误差

前文基于 OP 法对企业 TFP 进行测算。然而，由于运算时企业进入退出数据缺失，本章虽予以回避，但其合理性可能会受到质疑。因此，本章采用无形资产的差额来指代企业创新投入。这是因为在创新模式上，企业往往采取研发创新和非研发创新并举的形式来促进自身创新进步。但现有研究普遍聚焦于研发创新，对非研发创新发展模式重视不足。在文献层面，国内外学者对于非研发创新模式的发展也是普遍从中小型企业入手。而由于研发本身的高成本和高风险，中小型企业在进行研发时显得有心无力，非研发行为更为明显。考虑到中国基本国情，自 1977 年恢复金融秩序以来，中国金融市场在这40多年的建设过程中取得很大进步，但相对于国外来说，金融市场发展相对落后，企业融资依旧面临着较强的约束。从而企业在进行创新时，更应当注重非研发创新的同步发展。

与此同时，有研究指出，当前中国上市公司公布的数据存在严重缺陷，资产负债表中研发支出指标值持续为零，无形资产却有所增加。这也会降低基于研发支出数据的研究结论的精确度。为此本章引入无形资产增量这一指标，综合考虑企业研发创新和非研发创新。在变量定义上，无形资产主要包括专利权、非专利技术、商标权、著作权和土地使用权等，肖兴志和王海（2015）认为，无形资产是企业综合创新投入的成果，能够很好地衡量企业的综合创新活动。综上，本章以无形资产差额进行一系列的验证性检验，研究发现，本章研究结论稳健可信①。

9.6.2 是否需要对产业政策进行滞后

在前文分析中，我们认为，总体政策下的供给环境协同有利于企业的创新发展。为了对这种影响作用进行进一步的解读。本章构建 PVAR 模型来对这一协同与企业创新间的作用进行刻画。值得提出的是，PVAR 模型继霍尔埃金（Holtz - Eakin，1988）提出后经过诸多学者的发展，成为兼具时序分析与面板数据分析优势的成熟模型。它的优点在于无须区别哪些变量内生，哪些变量外生。将所有的变量都看成一个内生系统来处理，能够真实反映变量之间的互动关系。不仅可以解决模型的内生性问题，还能够有效地刻画系统变量间的冲击反应。

为此，本章从季度层面的数据着手，重新计算政策间的协同程度以及企业创新发展情况。研究中发现，由于 PVAR 模型的结构使得自变量和固定效应存在相关性，因此，在消除样本中的固定效应时，采取通常的均值差分法会导致谬误的产生。为了解决这一问题，我们采取阿雷利亚诺和博韦尔（Arellano and Bover，1995）提出的"向前均值差分"，即"Helmert"

---

① 限于篇幅，稳健性检验结果不在正文中列出，留存备索。

过程。它通过消除每一时期未来观测值的均值提供了一种转换变量和滞后回归系数之间的正交变换。从而我们根据工具变量滞后回归系数建立 GMM 估计模型。为了直观地看到内生变量受到某种冲击后，对其他变量产生影响的动态路径，这里本章报告了基于蒙特卡罗模拟的脉冲响应图[①]（见图 9 - 13）。其中，图形中的中间曲线为脉冲响应函数点估计值序列，上下两条曲线分别为置信区间的上下界，最下方的横线为 0 值线。

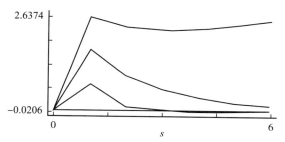

图 9 - 13　总体政策下供给型、环境型政策协同对企业创新的冲击反应

由基本的脉冲响应图可以看出，供给型、环境型政策协同对企业创新存在正向影响，但随之逐步趋于失效。在年度内还是对企业存在正向作用，下一年度影响并不明显。由此可以明确，总体政策的供给型、环境型政策协同对企业创新的刺激作用存在时效性。若想产生持续的刺激作用，政策出台频度值得关注。

9.6.3　基于企业研发数据的回归检验：供给环境政策协同影响

为了避免实证结果受变量构建原因的影响，本章基于研发支出期末数合计数据进行进一步的检验，这也能间接验证本章创新指标构建的可取性。具体数据来源于国泰安上市公司统计数据库，实际运用时将二者数据按企业名和时间进行匹配。在具体实现过程中，为了检验时间变化的影

[①]　这里出于服务本书的目的，本章并未对 GMM 回归结果以及方差分解的结果加以报告，若有需要可以跟作者索取。

响，本章也对模型的时间效应加以控制①。并定义 2010 年之前协同程度为 0，由于 2010 年的数据难以定义，本章在此定义为缺失值，具体回归结果如表 9 – 7 所示。从基本回归结论来看，总体政策的供给环境协同对企业创新具备显著的刺激作用。

表 9 –7　　　　　基于研发数据的政策协同影响再检验

解释变量	被解释变量			
	研发支出		研发支出对数	
	(1)	(2)	(3)	(4)
allgonghuanxietiao	1.41e + 07 *** (3.01e + 06)	1.26e + 07 ** (5.41e + 06)	0.1593 ** (0.0171)	0.0637 ** (0.0293)
控制变量		控制		控制
个体效应	控制	控制	控制	控制
时间效应	控制	控制	控制	控制
样本量	613	607	613	607
R^2	0.7784	0.7789	0.8747	0.8843

注：*** 、** 、* 分别表示在 1%、5% 和 10% 的水平上显著；括号内为标准误。

9.7　本章小结

战略性新兴产业发展日益受到政府和公众的高度关注，产业政策作为政府培育战略性新兴产业发展至关重要的一环，其影响却饱受质疑。一个可能的原因是现有产业政策的碎片化现象层出不穷。基于上述考虑，本章通过梳理 2011 ~ 2013 年战略性新兴产业政策文本，结合新兴产业企业层面的数据寻求产业政策的协同路径。研究发现，在供给型产业政策的协同路径上，总体政策的供给型、环境型产业政策协同有利于企业创新发展。这

---

① 即使放弃对时间的控制，按前文一致的变量定义策略进行回归检验，回归系数方向基本一致，但显著性有所改变。

一影响在季度层面数据的脉冲检验上得到验证，替换创新衡量指标后影响依旧显著，由此可以明确这一结论是稳健可靠的。此外，在政策设计中，地方政策执行的稳定性也应加以考虑。

切实提高政策协同能力必须成为下一步改革的重点。从当前政策形势来看，政府虽然已经意识到要打好政策出台的"组合拳"，但碎片化现象造成的危害不容小觑。对于具体产业政策的协同管理，总体政策下的供给型和环境型政策协同效果值得期待。对战略性新兴产业的发展而言，"双反"下新兴产业发展举步维艰，甚至出现企业倒闭潮等现象。此次结构性改革更注重在供给侧发力，但从本章的研究来看，单纯依靠供给型的政策推动可是不够的，需要加强供给型、环境型政策的协同管理，二者优势互补、规划合作才能产生更好绩效。同时，在具体政策制定上，政府应当适当放手，加强政策的宏观性把握，导向性管理，不宜过细统筹，为企业自主创新发展创造空间。

值得一提的是，上述研究结论为中国规制政策体系完善提供了启示性意见。从政策协同的构建效果来看，通过"政策组合拳"的方式来实现波特效应确实具有一定的可行性。本章研究发现，总体政策的供给型、环境型产业政策协同有利于激励企业创新发展。考虑到战略性新兴产业往往也具有绿色创新属性，在强化规制的同时，出台相关辅助政策以实现政策合力效果也不失为激励中国经济可持续发展的"一剂良方"。

第 10 章

中国规制政策效果存在差异的症结分析

随着中国经济步入新常态，生态环境保护工作愈发重要。《中共中央国务院关于全面加强生态环境保护坚决打好污染防治攻坚战的意见》指出，"当前经济社会发展同生态环境保护的矛盾仍然突出"。对此，中央政府及地方政府相继出台了一系列环境规制政策，意图以生态环境高水平保护推动经济高质量发展。从中国环境规制的政策设计来看，我国环境规制大致呈现命令控制型、市场激励型以及其他临时性规制政策几类。就其差异及效果而言，命令控制型政策带有一定的政府行政管制色彩，表现为对企业施加强制性的污染排放标准或目标。而市场激励型政策则具有明显的市场特征，往往通过价格或数量控制来实现。较为明显的表现在于排污费征收政策及排污权交易等行为，这类政策主要通过向企业征收费用来惩罚其排污行为，以达到约束污染的目的，但这类政策可能因地方保护主义造成政策的非完全执行。以排污费征收政策为例，一方面，企业的污染排放量通常由企业自主申报，因而少报、漏报等现象较为常见；另一方面，地方环境保护部门还存在着独立性缺失问题，地方政府的保护主义倾向较为明显（王海等，2019）。

从环境治理实践历程来看，中国的环境规制政策通常由中央政府制定、地方政府实行，具有"自上而下"的执行特征。理论上，地方政府仅需贯彻落实环境规制政策，进而达成缓解地区环境压力、实现生态环境改善的理想目标。但或因现行政绩考核体系的不完善，诸多政策呈现出"非完全执行"情况。这些因素不仅对环境规制政策的执行产生了显著影响，也将进一步影响企业的动态反馈。在前文分析中，第 3 章着重刻画了两控区等命令控制型政策的影响效果。第 4～第 6 章重在分析排污费征收等市场激励型政策的作用机理。考虑到实施临时性规制政策也是规制政策的一大发力点，我们还在第 7 章探讨了政府驻地迁移对企业生产状况的潜在作用。此外，考虑到新能源汽车等清洁产业的产业政策也具有优化地区环境质量的可能，第 8 章、第 9 章着重探讨其单一政策或政策组合能否拉动产业发展，以此达到经济发展与环境保护的双赢局面。

但更为关键的是，尽管中央政府制定了完善的环境治理方案，但地方政府在执行过程中仍出现了环境治理低效等问题。因此，我们还需要理解政府政策，特别是环境规制政策效果存在差异的根源。从文献层面来看，王海和尹俊雅（2019）发现，环保部门独立性缺失可能是导致环境规制政策并未达到理想效果的症结所在。这一结论也与韩超等（2016）的发现较为一致。从现实层面来看，我们需注意到环境规制政策的落实主体为环保部门，应当从环保部门对于政策的执行力度予以探讨，方能揭开环境规制非完全执行现象的黑箱，从而为有效触发波特效应建言献策。

10.1 环境规制的独立性缺失：现象与述评

10.1.1 环境规制独立性缺失现象

改革开放以来，伴随着中国经济的高速增长，环境污染问题越发凸显，这些事件对我国经济社会和谐发展造成了显著影响。有文献研究发现，仅 2013 年 1 月，雾霾事件所造成的全国交通和居民健康的损失就已高达 230 亿元（穆泉和张世秋，2013），并对后续经济社会发展造成显著抑制效果。因此，环境问题整治刻不容缓。为此，我国政府也出台了一系列环境规制政策，但从规制政策的实施效果来看，环境规制的影响作用尚不明确。其中，王海等（2019）研究发现，以排污权征收政策为例的市场激励型环境规制政策将显著抑制了企业 TFP 增长，不利于企业发展。但王海和丁徐轶（2018）利用排污权交易机制政策研究发现，城市实施交易机制试点有利于提升企业利润，触发波特效应。基于两控区政策这一典型命令控制型政策的研究同样表明，环境规制有助于提高企业 TFP（王海等，2019）。对此，刘郁和陈钊（2016）认为，这种差异影响可能与规制部门存在较大关联。具体而言，命令控制型政策的实施效果往往与地方官员的考核挂钩。这就使得地方在执行环境规制政策时较为"谨慎"，由此使得命令控制型政策呈现良好效果。但与之不同的是，排污费征收等市场激励型政策的实施则大多由环保局等环保部门负责，部分省份由地税部门负责。由此不同类型政策在实施过程中面临的外部干扰并不一致，最终引致规制政策效果存在较大差异。

理论上，环境规制政策的最终影响方向取决于波特效应和挤出效应的对比。但在政策运行过程中，与政策设计相比，政策执行的影响更为显著。王海和许冠南（2017）的研究表明，地方政府干预对产业政策的干预作用明显。在环境规制执行过程中，由于环境规制目标与地方政府的行为激励并不契合，容易导致环境规制政策在执行过程中出现"非完全执行"现象。最为明显的表现在于规制部门所实施的环境监督、污染治理等环保工作并未能有效地遏制环境水平急剧恶化的趋势（见图 10-1），即规制失灵现象。韩超等（2016）分析认为，规制失灵表面上是因为规制本身问题，如规制政策选用的不合理等，其背后隐藏的是制度问题。其中最为典型的表现就是环境规制的独立性缺失现象。

首先，规制体系设置的不合理造成环保官员"有名无实"，难以有效处置环境问题，这也是环境规制失效的根源所在。地方政府对环保部门具备充分的控制权。显然，环保官员难以脱离地方官员的束缚，独立地去治理环境问题，引致部分环境规制政策难以得到有效实施。

其次，"关系网"的羁绊是导致环境规制失效的社会性因素，也是环境规制独立性缺失的根源之一。

最后，环境问题第三方监管的缺失会进一步诱导环境规制中独立性缺失现象的出现。诸多法律政策都面临着一个很尴尬的问题，即谁来监管监管者。无论是现行的环境督察机制还是着力实现的环境规制垂直管理都很

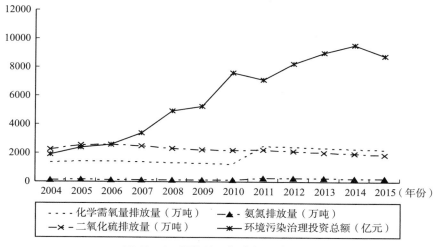

图 10 - 1　污染治理投资与污染排放

难规避这样的问题。一个可行的解决方案是引入协会的形式去加强环境规制行为。如注册会计师协会这样的组织，协会接受地方政府部门的委托，对污染行业实施监管，同时协会自身又接受规制机构的监管，互相监督以确保规制政策的顺利实施。其可以在一定程度上缓解环境规制官员的独立性缺失问题，同时，也能规避政府执政无效率带来的潜在损失。

结合前文分析来看，环境规制政策将增加企业的额外生产成本，这可能不利于企业利润提升乃至地区的经济增长。因此，要求规制官员与被规制企业等利益集体保持距离，同时还要求地区环保局局长的权力行使不受到行政部门的干预影响，具有充分的独立自主权。然而，在现有环境规制体系下，环保机构隶属于地方政府，受地方上级领导的激励约束，其决策独立性势必难以得到保障。这可能也是造成命令控制型环境规制政策与市场激励型环境规制政策影响不一致的根源。

10.1.2　命令控制型环境规制政策的影响

在命令控制型环境规制政策的实施过程中，由于政策实施效果与地方官员的政绩考核机制大致相符，地方政府的行为偏离程度相对较低。这是因为命令控制型环境规制政策在实施过程中具有约束性目标的成分。与预期性目标不同，约束性目标强化了政府必须履行的职责，是政府必须实现、必须完成的指标。以"十一五"规划为例，国家在"十一五"规划中，将主要污染物减排目标确立为约束性指标，并将其完成情况与地方政府官员的政绩相挂钩，环境规制首次实行污染"行政首长负责制"。这一措施使得地方官员与环保部门的行为激励保持一定的一致性，进而有利于环境规制政策的落实。由此，命令控制型环境规制政策能有效地抑制环境恶化，在环境污染治理上取得显著成果。

前文分析结论已表明，命令控制型环境规制政策的实施能够在控制污染之余，有效地促进企业创新发展。即企业创新发展与污染控制存在一定的一致性，二者之间并不存在传统认知中所认为的"非此即彼"的关系。回顾这一政策的特殊之处不难发现，与其他政策不同，命令控制型环境规制政策在强调环境治理的同时，强化了地方官员环境层面的考核。这就使得地方官员的行为激励与环保部门的激励并不存在显著差异。即使环保部门的独立性缺失问题依旧存在，但地方官员会给予环保部门充分的权利去落实环境规制政策。此时，规制部门独立性缺失的影响相对较低。此外，相比于市场激励型环境规制政策，命令控制型环境规制政策更多地为中国政府采用，在长期的实践过程中已经形成一套较为完备的监管体系。而市场激励型环境规制政策还尚处"萌芽阶段"，或将更容易受到地方政府的干扰，在当前中国力争实现碳达峰碳中和的时代背景下，如何令市场激励型环境规制政策发挥应有效果同样值得深入探索。

10.1.3　市场激励型环境规制政策的影响

与命令控制型环境规制政策相比，市场激励型环境规制政策的影响并不确定。从政策文本上来看，市场激励型政策工具的主要关注点还是在于把握"谁污染、谁治理"的原则，对地方官员行为不做明确要求。但这也可能会导致地方官员"环保不作为、乱作为"等现象。为何如此？这是因为排污费征收会影响企业资金正常流转，进而影响其利润，导致地区经济增速放缓。即使征收了排污费，按《排污费征收使用管理条例》的规定，排污费要求 10% 缴入中央国库，5% 缴入省国库，85% 缴入地方国库。作为本级环境保护专项资金，其对地区经济发展难以产生显著正向影响。

规制独立性是中国环境规制未能有效发挥的重要原因之一。针对这一问题，有学者建议"构建独立的规制机构"，却对如何构建独立的规制机构难以给出具体的建议。事实上，在法律及机构设置上均有很多的证据来说明，制度或者法理上的独立性在实际经济运行中难以保证。那么只有从地方政府的目标及行为出发，才能更加全面理解当前环境规制问题。

此外，地方政府的环境规制还面临着来自中央的制约。由于环境规制具有信息不对称、环境事故具有较长的潜伏期及不确定性等特点，地方政府可以选择一些"显性"指标来完成任务，如在规制投入等方面满足中央要求。而在规制实施的工作实践中则可以通过对企业的实际支持达到利益的共谋。应当认识到，地方政府的偏爱行为并不是某一个人的道德问题，而是制度机制作用下理性行为选择的结果。这些因素综合起来使得诸如排污费征收之类的市场激励型环境规制手段难以取得预期效果。

10.1.4　地方官员对规制独立性的影响及启示

结合王海和尹俊雅（2019）的研究，本章认为，就中国当前而言，仍有以下工作亟待强化。

其一，加强规制部门的独立性。与产业政策类似，环境政策能否实现预期目标与官员行为激励存在高度关联。然而，环保官员决策受到多重外部因素干扰，决策偏离现象时有发生，并会因此导致环境规制难以落实到位。这是因为，环保官员在很大程度上受制于地方政府，其运行资金、人事安排都服从于地方政府，而在地方官员的政绩考核机制中，环保事务只占据较小比例，GDP 依旧是地方官员考核中最引人注目的指标。这一激励扭曲导致环境规制政策执行存在不足。对此，一个可行的做法是加强规制部门独立性。换言之，将地区环保责任交付于规制部门，规制部门独立于地方政府，不受地方政府管辖，并以环保绩效作为规制部门政绩考核的主要依据。这样将有利于确保环境规制政策的顺利落实。

其二，把握好文化层面的影响。作为发展中国家，中国诸多制度体系尚不完善。其中，地方官员作为中央政策执行枢纽，政绩考核机制缺陷会引致官员行为偏离，并进一步诱使环境规制政策失效。我们认为，通过情感层面的激励来引导官员行为也不失为一条途径。这一启示不仅适用于环境规制问题，对改革过程中的很多问题同样适用。尤其在中国这样的转型经济体中，将本土的、文化层面的作用发挥好可能有所收获，适当地引导也有利于纠正激励机制扭曲造成的负面影响。

10.2　环境规制政策体系的优化策略

要环境还是要发展已然成为学术界争议的焦点。中国当前面临的两个基本事实：一是环境污染问题不断呈现，环境治理迫在眉睫；二是中国作为世界上最大的发展中国家，经济发展压力仍然较大。如何把握好环境规制与经济发展之间的关系迫切需要相关理论支撑。有学者研究认为，严格且适宜的环境规制能够激励企业发展和采用新的生产技术组合，从而能够提高企业的生产率和竞争力，以至于完全抵消了环境规制的成本（Porter，1991；Porter and Van der Linde，1995）。但什么样的环境规制才是"严格且适宜的"尚不明确，本书试图回答这一问题，以期为中国实现"绿水青山""金山银山"兼得的局面提供答案。

从不同规制政策的现实反馈来看，环境规制是否能实现波特效应受多方面因素的影响。总结全书研究，具体结论与建议论述如下。

第一，环境规制的波特效应发挥与规制政策类型存在关联，与市场激励型环境规制政策相比，命令控制型环境规制政策的创新激励作用更为可观。自建立社会主义市场经济体制以来，学者因思维惯性一度强调摒弃一切计划经济式的自上而下式的行政干预，转而寄希望于通过市场化手段去解决中国经济发展中的诸多问题，环境规制也不外如是。分析政策文本、媒体报道不难发现，现下我国越发依赖利用市场化经济手段去解决环境污染问题。这与国外的政策实践存在高度关联。但结合中国政治经济体制来说，市场化环境规制手段在中国能否适用仍存在疑问。研究表明，与命令控制型环境规制政策相比，市场激励型环境规制政策并非都很理想。这在涂正革和谌仁俊（2015）的研究中也能得以佐证。纵观全书，我们发现中国当前市场化程度似乎还不足以支撑市场化手段的完美运行。在当前经济体制下，单就环境规制而言，我们更需依赖政府的直接干预。不可否认，部分临时性政策效果只是"昙花一现"，但这一现象背后隐藏的机制恰恰能反映出中国式环境规制的症结所在，即地方政府不愿意将环境规制政策执行到位或是政策执行阻力太大，难以实施到位。

第二，规制政策的实践效果与地方官员激励存在高度关联，应当尽早完善地方官员政绩考核体系。孤立地思考环境规制政策是否适用显然不可取，中国政策大多遵循着"中央政策出台—地方政府执行—企业动态反馈"的实施路径。因而，与政策类型相比，对地方政府行为的研究更为紧要。有报道称，中国很多政策都经过仔细推敲，也最为有效，但实施下来就变了味，存在"跑偏"现象。表面上这是因为中国地域辽阔，很难有一项适合的政策适合于全国，造成部分政策"水土不服"，难以落实。实质上这与政策目标与地方官员行为激励的偏离有关。在中国这样一个转型经济体中，诸多制度体系尚不完善，任何一项政策的贯彻落实都高度依靠地方政府的政策执行，若中央政策与地方政府的行为激励并不相符，则容易引发政策执行困境。环境规制政策更是如此。在通常理解中，环境规制会加大企业"遵循成本"，造成地区经济发展滞后。因而，地方官员会有弱化环境规制的激励。

对此，一个常见也最为有效的方法是将环保状况纳入地方官员的政绩考核体系中。这在前文的研究中也得到了佐证。不难发现，两控区政策在2003 年前后造成了迥异的影响效果，对企业创新的影响系数也由负转为正，可以认定的是环境规制在 2003 年后实现了波特效应。进一步检验后发现，当政绩考核体系调整后，环境规制的波特效应才能得以体现。政绩考核体系的调整不仅适用于对命令控制型环境规制政策影响进行解释，其对市场激励型环境规制政策的影响同样具有诠释效果。此外，出于保护辖区内企业的目的，地方官员有意识地降低了辖区企业的排污费征收强度（王海和尹俊雅，2019）。这种地方保护主义使得企业免于环保压力，难以有激励去促进创新发展。然而，伴随着环保法规的出台及公众诉求提升，地方保护主义带来的负面影响逐步被校正。总结前文不难发现，波特效应理论在中国是否适用与地方官员的行为激励存在高度关联。由此，本书认为，我国地方官员是有能力、有条件去实现环境规制与企业创新发展的双赢局面，改革的关键在于如何把地方官员的激励做好、做对。

第三，环境规制存在明显的独立性缺失现象，切实提高规制官员的独立性可能会是实现环境规制与企业创新发展双赢局面的"一剂良方"。基于前文分析，本书把对地方官员的正确激励作为波特效应实现的必要前提。综合相关实证分析可以提炼出以下结论，即波特效应理论能否实现与地方官员行为激励存在高度关联。但这一结论也存在很强的局限性，地方官员的决策往往受到多重因素的干扰，决策偏离现象时有发生，并会因此导致环境规制的波特效应难以实现。这与现行考核机制存在高度关联，其中最为典型的就是规制官员的决策行为。韩超等（2016）、王海和尹俊雅（2019）研究发现，规制官员在环保决策上与其他地方官员的决策行为一致，并未在环保事务中展现出特殊性。究其根源，规制官员在很大程度上受制于地方政府，其运行资金、人事安排都服从于地方官员，而在地方官员的政绩考核机制中，环保事务只占据了较小比例，GDP 依旧是地方官员考核中最引人注目的指标。

对此，一个可行的做法是加强规制部门的独立性。换言之，将地区环境保护责任交付于规制部门，规制部门独立于地方政府，不受地方政府管辖，并以环保绩效作为规制部门政绩考核的主要依据。这样将有利于确保环境规制政策的顺利落实，进而促进企业创新发展。值得一提的是，赋予规制部门权力，虽然有利于地区环境保护，但是否会因此导致矫枉过正仍需谨慎。

第四，利用好环境型政策工具，打好"政策组合拳"对于激励企业发展，实现波特效应大有裨益。基于新能源汽车产业的研究发现，与其他政策工具相比，以目标规划、金融支持、法规规范和产权保护等为代表的环境型政策工具效果最为明显。"集中力量办大事"的政策理念确实有所成效。这意味着，从需求端、供给端发力可能并非唯一的可行路径。切实完善企业经营环境，为企业发展奠定外部基础，仍是激励产业绿色发展的重要举措。此外，我们还发现，与政府补贴、税收优惠相比，地方产业政策主要通过强化市场竞争和降低企业融资约束来达成促进行业创新的目的。这也意味着融资问题仍是制约中国经济绿色创新发展的关键要素。

基于政策协同的研究发现，政策协同作用存在差异性，其中政策内措施协同抑制了企业创新，部门协同作用并不明显。而在措施间协同上，供给型和需求型协同以及环境型和需求型协同在整体政策和分行业政策下都存在一定的抑制作用，与之相比，整体政策的供给型和环境型协同有利于企业创新发展，但在分行业政策下影响并不显著。这意味着在具体协同管理上，我们仍需要坚持"不'十全大补'、不面面俱到"的要求，并不能依靠单一政策来解决所有问题，单一政策内的协同难以有所作为，而部门间协同的无效更需加大重视。如何破解政府部门间的"各自为政"和部门利益分化，统一规划政府治理行为亟待解决。是简政放权，实行权责统一还是设立专项小组，统筹规划仍有待于实践的检验。

第五，本书研究表明，中国当下诸多经济社会发展状况仍需改善。

首先，应继续推行反腐败建设。谈及地方官员，腐败问题一直难以避免。这在环境保护过程中尤为凸显。虽然中央出台了严格的环保法规，但在政策执行过程中，地方官员也可能会因为腐败而降低执法力度。而企业也存在贿赂地方官员的可能，这一方面有利于降低企业环保成本，另一方面也会有利于企业获取稀缺资源，提高企业利润。这些行为均会导致规制政策难以达成应有效果。在波特效应理论中，严格且适宜的环境规制是波特效应得以实现的重要前提。若政企之间存在寻租空间，环境规制可能难以激励企业创新发展，还将引发一系列社会问题。因此，在新一轮的改革中，中国政府应继续坚持反腐败建设，降低地方官员的寻租空间，为企业发展拓宽道路。

其次，本书研究发现，当地方官员执政效率较低时，环境规制的波特效应会被抑制。对该现象的解释主要集中在地方官员的执政效率上。考虑地方官员的执政效率关系到环境规制政策能否顺利、及时落实，"庸政懒政"现象都应是政府改革的重点。更进一步说，地方官员的执政效率与政府执政态度存在较大关联。在把握好地方官员行为激励的同时，对地方官员的监督管理也需并重。单就波特效应而言，只有将地方官员的决策偏离加以约束，才有实现环境规制与企业创新发展双赢的可能。

再次，地方官员更替所造成的影响同样不容忽视。考虑到地方官员作为环境规制政策的执行主体，其执政稳定性既关系到中央政策的贯彻落实，又会影响企业的投资决策。因为创新投资风险相对较大，企业在创新决策上较为谨慎。若地方官员出现更替现象，企业可能会因担心未来规制政策变动而处于观望状态，引致企业创新停滞不前。可以推断，政策执行的稳定性会影响环境规制政策的实施效果，进而影响企业创新。因此，正确对待官员更替制度亦有必要。

最后，为降低地方官员的决策偏离，政策关注及公众诉求也应纳入改革考虑之中。政策关注的作用不言而喻，政府愿意在环境问题上投入较大精力，企业自然会有所感知，加强自身能力建设。公众诉求的有效性则应更加注重。本书研究认为，环境规制能否实现波特效应高度依赖于地方政府的决策行为。但地方政府的决策行为存在很强的自主性，加之中国幅员辽阔，很难有一项通用的准则适用于全国。为此，有必要通过公众诉求的渠道来降低官员决策偏离程度。与媒体、民众相比，中央监察成本相对较高，且官员行为具备很强的隐蔽性，较难发现。公众诉求则能很好地解决这一问题。一方面，作为环境政策的最终受益者，公众对政策的执行较为关注，且规制成本相对较低；另一方面，公众诉求表达不存在被俘获的危险，其相对更为公正。若能加强这一机制的健全程度，增强其可行性，相信以信访为代表的公众诉求不仅可以解决公共服务的信号显示问题，还能对地方政府行为起到约束作用，降低其决策偏离的可能，进而在提升环境规制效果的同时，有力地促进经济社会全面发展。

10.3　规制政策体系的研究展望

如何既要"绿水青山"又要"金山银山",迫切需要相关理论支撑。本书立志于此,意图为中国环境与经济发展提供可能的解决途径。与现有文献不同,本书不断强化地方政府的影响特征,并认为中国经济发展中的诸多问题都与地方政府行为存在关联,问题的根源在于如何做好、做对地方官员的行为激励。

从现有文献来看,关于波特效应在中国是否成立的研究结论仍然莫衷一是。这一方面可能是因为环境规制识别方法不一,导致分析结果有所差异;另一方面与地方政府的影响较难识别存在关联。因此,在进一步研究中,我们将继续寻找相关研究数据来分析环境规制的"净"影响,将地方政府的影响干净、全面地识别出来也将是下一步努力的方向。

与之类似,基于政策文本计量的实证方式也将有所建树。虽然我们围绕新能源汽车产业等绿色发展行业进行了一定探索性的研究,但只是分成了需求型、供给型与环境型三类,这样的分类方式无疑略显粗犷。在下一步的研究中,我们或许可以探索规制政策与补贴政策等相关具体政策的协同效应。须知由于制定部门不同,中国产业政策碎片化现象明显。政策碎片化可能导致企业"无所适从",不利于企业创新发展。已有学者指出"运动式"治理和"修马路"式治理的不合理性,呼吁由"运动治理范式"向"常态治理范式"转变,强调打出中国治理的政策组合拳。政府也已经意识到政策协同的重要性,开始注重政策协同的构建。那么,鉴于环境规制政策会给企业带来创新压力,我们能否构建一些激励型的补贴政策来确保规制政策的波特效应发挥仍将值得探索。

参 考 文 献

［1］艾冰，陈晓红．政府采购与自主创新的关系［J］．管理世界，2008（3）：169-170．

［2］安同良，周绍东，皮建才．R&D补贴对中国企业自主创新的激励效应［J］．经济研究，2009，44（10）：87-98，120．

［3］白俊红，蒋伏心．协同创新、空间关联与区域创新绩效［J］．经济研究，2015，50（7）：174-187．

［4］白雪洁，孟辉．新兴产业、政策支持与激励约束缺失——以新能源汽车产业为例［J］．经济学家，2018（1）：50-60．

［5］毕克新，杨朝均，黄平．中国绿色工艺创新绩效的地区差异及影响因素研究［J］．中国工业经济，2013（10）：57-69．

［6］卜元超，吴利华，白俊红．减排窘境与官员晋升——来自中国省级地方政府的经验证据［J］．产业经济研究，2017（5）：114-126．

［7］曹春方，马连福，沈小秀．财政压力、晋升压力、官员任期与地方国企过度投资［J］．经济学（季刊），2014，13（4）：1415-1436．

［8］曹翔，王郁妍．环境成本上升导致了外资撤离吗？［J］．财经研究，2021，47（3）：140-154．

［9］陈超凡．中国工业绿色全要素生产率及其影响因素——基于ML生产率指数及动态面板模型的实证研究［J］．统计研究，2016，33（3）：53-62．

［10］陈冬华，李真，新夫．产业政策与公司融资——来自中国的经验证据［A］．上海财经大学会计与财务研究院、上海财经大学会计学院、香港理工大学会计及金融学院．2010中国会计与财务研究国际研讨会论文集

[C]．上海财经大学会计与财务研究院、上海财经大学会计学院、香港理工大学会计及金融学院：上海财经大学会计与财务研究院，2010：80．

[11] 陈林，伍海军．国内双重差分法的研究现状与潜在问题 [J]．数量经济技术经济研究，2015，32 (7)：133 - 148．

[12] 陈诗一．中国的绿色工业革命：基于环境全要素生产率视角的解释（1980 - 2008 年）[J]．经济研究，2010，45 (11)：21 - 34，58．

[13] 陈艳艳，罗党论．地方官员更替与企业投资 [J]．经济研究，2012，47 (S2)：18 - 30．

[14] 陈玉龙，石慧．环境规制如何影响工业经济发展质量？——基于中国 2004 - 2013 年省际面板数据的强波特假说检验 [J]．公共行政评论，2017，10 (5)：4 - 25，215．

[15] 戴鸿轶，柳卸林．对环境创新研究的一些评论 [J]．科学学研究，2009，27 (11)：1601 - 1610．

[16] 丁从明，刘明，廖艺洁．官员更替与交通基础设施投资——来自中国省级官员数据的证据 [J]．财经研究，2015，41 (4)：90 - 99．

[17] 董颖，石磊．"波特假说"——生态创新与环境管制的关系研究述评 [J]．生态学报，2013，33 (3)：809 - 824．

[18] 董直庆，焦翠红，王芳玲．环境规制陷阱与技术进步方向转变效应检验 [J]．上海财经大学学报，2015，17 (3)：68 - 78．

[19] 董直庆，王辉．环境规制的"本地—邻地"绿色技术进步效应 [J]．中国工业经济，2019 (1)：100 - 118．

[20] 范丹．中国制造业差异化环境规制策略研究——基于创新力与经济增速均衡视角 [J]．宏观经济研究，2015 (5)：83 - 90．

[21] 范子英．转移支付、基础设施投资与腐败 [J]．经济社会体制比较，2013 (2)：179 - 192．

[22] 方先明，那晋领．创业板上市公司绿色创新溢酬研究 [J]．经济研究，2020，55 (10)：106 - 123．

[23] 冯志华，余明桂．环境保护、地方官员政绩考核与企业投资研究 [J]．经济体制改革，2019 (4)：136 - 144．

[24] 冯宗宪，贾楠亭. 环境规制与异质性企业技术创新——基于工业行业上市公司的研究 [J]. 经济与管理研究，2021，42（3）：20-34.

[25] 傅勇，张晏. 中国式分权与财政支出结构偏向：为增长而竞争的代价 [J]. 管理世界，2007（3）：4-12，22.

[26] 盖庆恩，朱喜，程名望，史清华. 要素市场扭曲、垄断势力与全要素生产率 [J]. 经济研究，2015，50（5）：61-75.

[27] 干春晖，邹俊，王健. 地方官员任期、企业资源获取与产能过剩 [J]. 中国工业经济，2015（3）：44-56.

[28] 高见，郭晓静. 论我国的利益集团对公共政策的影响 [J]. 重庆科技学院学报（社会科学版），2010（7）：24-26.

[29] 高良谋，李宇. 企业规模与技术创新倒U关系的形成机制与动态拓展 [J]. 管理世界，2009（8）：113-123.

[30] 高翔，龙小宁. 省级行政区划造成的文化分割会影响区域经济吗？[J]. 经济学（季刊），2016，15（2）：647-674.

[31] 郭峰，石庆玲. 官员更替、合谋震慑与空气质量的临时性改善 [J]. 经济研究，2017，52（7）：155-168.

[32] 郭进. 环境规制对绿色技术创新的影响——"波特效应"的中国证据 [J]. 财贸经济，2019，40（3）：147-160.

[33] 郭俊杰，方颖，杨阳. 排污费征收标准改革是否促进了中国工业二氧化硫减排 [J]. 世界经济，2019，42（1）：121-144.

[34] 韩超，胡浩然. 清洁生产标准规制如何动态影响全要素生产率——剔除其他政策干扰的准自然实验分析 [J]. 中国工业经济，2015（5）：70-82.

[35] 韩超，刘鑫颖，王海. 规制官员激励与行为偏好——独立性缺失下环境规制失效新解 [J]. 管理世界，2016（2）：82-94.

[36] 韩超，孙晓琳，肖兴志. 产业政策实施下的补贴与投资行为：不同类型政策是否存在影响差异？[J]. 经济科学，2016（4）：30-42.

[37] 韩超，王海. 地区竞争、资本禀赋与环境规制——门槛识别与非线性影响 [J]. 财经问题研究，2014（2）：23-31.

[38] 韩超, 肖兴志, 李姝. 产业政策如何影响企业绩效: 不同政策与作用路径是否存在影响差异? [J]. 财经研究, 2017, 43 (1): 122 – 133, 144.

[39] 韩乾, 洪永淼. 国家产业政策、资产价格与投资者行为 [J]. 经济研究, 2014, 49 (12): 143 – 158.

[40] 何文韬, 肖兴志. 新能源汽车产业推广政策对汽车企业专利活动的影响——基于企业专利申请与专利转化的研究 [J]. 当代财经, 2017 (5): 103 – 114.

[41] 何艳玲, 汪广龙, 陈时国. 中国城市政府支出政治分析 [J]. 中国社会科学, 2014 (7): 87 – 106, 206.

[42] 胡建辉. 高强度环境规制能促进产业结构升级吗?——基于环境规制分类视角的研究 [J]. 环境经济研究, 2016, 1 (2): 76 – 92.

[43] 胡援成, 肖德勇. 经济发展门槛与自然资源诅咒——基于我国省际层面的面板数据实证研究 [J]. 管理世界, 2007 (4): 15 – 23, 171.

[44] 黄德春, 刘志彪. 环境规制与企业自主创新——基于波特假设的企业竞争优势构建 [J]. 中国工业经济, 2006 (3): 100 – 106.

[45] 黄健, 李尧. 污染外溢效应与环境税费征收力度 [J]. 财政研究, 2018 (4): 75 – 85.

[46] 黄金枝, 曲文阳. 环境规制对城市经济发展的影响——东北老工业基地波特效应再检验 [J]. 工业技术经济, 2019, 38 (12): 34 – 40.

[47] 黄滢, 刘庆, 王敏. 地方政府的环境治理决策: 基于 SO_2 减排的面板数据分析 [J]. 世界经济, 2016, 39 (12): 166 – 188.

[48] 纪志宏, 周黎安, 王鹏, 赵鹰妍. 地方官员晋升激励与银行信贷——来自中国城市商业银行的经验证据 [J]. 金融研究, 2014 (1): 1 – 15.

[49] 贾瑞跃, 魏玖长, 赵定涛. 环境规制和生产技术进步: 基于规制工具视角的实证分析 [J]. 中国科学技术大学学报, 2013, 43 (3): 217 – 222.

[50] 简泽, 谭利萍, 吕大国, 符通. 市场竞争的创造性、破坏性与技术升级 [J]. 中国工业经济, 2017 (5): 16 – 34.

[51] 江飞涛，李晓萍．改革开放四十年中国产业政策演进与发展——兼论中国产业政策体系的转型 [J]．管理世界，2018，34（10）：73-85．

[52] 江飞涛，李晓萍．直接干预市场与限制竞争：中国产业政策的取向与根本缺陷 [J]．中国工业经济，2010（9）：26-36．

[53] 江锦凡．外国直接投资在中国经济增长中的作用机制 [J]．世界经济，2004（1）：3-10．

[54] 江珂，卢现祥．环境规制与技术创新——基于中国1997-2007年省际面板数据分析 [J]．科研管理，2011，32（7）：60-66．

[55] 江珂．环境规制对中国技术创新能力影响及区域差异分析——基于中国1995-2007年省际面板数据分析 [J]．中国科技论坛，2009（10）：28-33．

[56] 江克忠，夏策敏．财政支出规模、支出分权和收入集权对行政管理支出的动态影响 [J]．财经论丛，2011（1）：33-40．

[57] 姜国华，饶品贵．宏观经济政策与微观企业行为——拓展会计与财务研究新领域 [J]．会计研究，2011（3）：9-18，94．

[58] 蒋伏心，王竹君，白俊红．环境规制对技术创新影响的双重效应——基于江苏制造业动态面板数据的实证研究 [J]．中国工业经济，2013（7）：44-55．

[59] 蒋勇．地方政府竞争、环境规制与就业效应——基于省际空间杜宾模型的分析 [J]．财经论丛，2017（11）：104-112．

[60] 颉茂华，王瑾，刘冬梅．环境规制、技术创新与企业经营绩效 [J]．南开管理评论，2014，17（6）：106-113．

[61] 解维敏，唐清泉，陆姗姗．政府R&D资助，企业R&D支出与自主创新——来自中国上市公司的经验证据 [J]．金融研究，2009（6）：86-99．

[62] 解学梅，朱琪玮．企业绿色创新实践如何破解"和谐共生"难题？[J]．管理世界，2021，37（1）：128-149，9．

[63] 金刚，沈坤荣．地方官员晋升激励与河长制演进：基于官员年龄的视角 [J]．财贸经济，2019，40（4）：20-34．

［64］金刚，沈坤荣．以邻为壑还是以邻为伴？——环境规制执行互动与城市生产率增长［J］．管理世界，2018，34（12）：43－55．

［65］景维民，张璐．环境管制、对外开放与中国工业的绿色技术进步［J］．经济研究，2014，49（9）：34－47．

［66］康志勇，汤学良，刘馨．环境规制、企业创新与中国企业出口研究——基于"波特假说"的再检验［J］．国际贸易问题，2020（2）：125－141．

［67］寇宗来，刘学悦．中国城市和产业创新力报告［R］．上海：复旦大学产业发展研究中心，2017．

［68］匡小平，肖建华．我国自主创新能力培育的税收优惠政策整合——基于高新技术企业税收优惠的分析［J］．财贸经济，2007（S1）：51－55．

［69］雷潇雨，龚六堂．城镇化对于居民消费率的影响：理论模型与实证分析［J］．经济研究，2014，49（6）：44－57．

［70］雷潇雨，龚六堂．基于土地出让的工业化与城镇化［J］．管理世界，2014（9）：29－41．

［71］黎文靖，李耀淘．产业政策激励了公司投资吗［J］．中国工业经济，2014（5）：122－134．

［72］黎文靖，郑曼妮．空气污染的治理机制及其作用效果——来自地级市的经验数据［J］．中国工业经济，2016（4）：93－109．

［73］李斌，彭星，欧阳铭珂．环境规制、绿色全要素生产率与中国工业发展方式转变——基于36个工业行业数据的实证研究［J］．中国工业经济，2013（4）：56－68．

［74］李勃昕，韩先锋，宋文飞．环境规制是否影响了中国工业R&D创新效率［J］．科学学研究，2013，31（7）：1032－1040．

［75］李广明，韩林波．排污收费对异质性行业就业的影响［J］．产经评论，2016，7（2）：120－131．

［76］李国锋，吴梦，李祚娟．政府驻地迁移与适宜性技术创新：异质引进抑或同质研发？［J］．经济与管理评论，2021，37（5）：68－79．

[77] 李建军，刘元生. 中国有关环境税费的污染减排效应实证研究 [J]. 中国人口·资源与环境，2015，25（8）：84 – 91.

[78] 李晶，李施雨. 新能源汽车产业税收政策的国际借鉴与措施 [J]. 税务研究，2013（10）：89 – 93.

[79] 李平，慕绣如. 环境规制技术创新效应差异性分析 [J]. 科技进步与对策，2013，30（6）：97 – 102.

[80] 李强，聂锐. 环境规制与区域技术创新——基于中国省际面板数据的实证分析 [J]. 中南财经政法大学学报，2009（4）：18 – 23，143.

[81] 李胜兰，初善冰，申晨. 地方政府竞争、环境规制与区域生态效率 [J]. 世界经济，2014，37（4）：88 – 110.

[82] 李胜旗，徐卫章. 市场势力、中国企业出口二元边际与产品创新 [J]. 经济与管理研究，2015，36（5）：107 – 114.

[83] 李树，陈刚. 环境管制与生产率增长——以 APPCL2000 的修订为例 [J]. 经济研究，2013，48（1）：17 – 31.

[84] 李树，翁卫国. 我国地方环境管制与全要素生产率增长——基于地方立法和行政规章实际效率的实证分析 [J]. 财经研究，2014，40（2）：19 – 29.

[85] 李苏秀，刘颖琦，王静宇，张雷. 基于市场表现的中国新能源汽车产业发展政策剖析 [J]. 中国人口·资源与环境，2016，26（9）：158 – 166.

[86] 李婉红，毕克新，孙冰. 环境规制强度对污染密集行业绿色技术创新的影响研究——基于 2003 – 2010 年面板数据的实证检验 [J]. 研究与发展管理，2013，25（6）：72 – 81.

[87] 李伟红，柴亮. 区域创新政策工具的互补性测度与实证检验 [J]. 财经科学，2014（4）：100 – 107.

[88] 李雪松，曹婉吟. 释放环保税红利需扫除哪些"绊脚石" [J]. 人民论坛，2017（21）：102 – 103.

[89] 李阳，党兴华，韩先锋，宋文飞. 环境规制对技术创新长短期影响的异质性效应——基于价值链视角的两阶段分析 [J]. 科学学研究，

2014，32（6）：937－949.

[90] 李依，高达，卫平.中央环保督察能否诱发企业绿色创新？[J].
科学学研究，2021，39（8）：1504－1516.

[91] 李永友，严岑.服务业"营改增"能带动制造业升级吗？[J].
经济研究，2018（4）：18－31.

[92] 李政，陆寅宏.国有企业真的缺乏创新能力吗——基于上市公司
所有权性质与创新绩效的实证分析与比较 [J].经济理论与经济管理，
2014（2）：27－38.

[93] 梁平汉，高楠.人事变更、法制环境和地方环境污染 [J].管理
世界，2014（6）：65－78.

[94] 林毅夫，李志赟.政策性负担，道德风险与预算软约束 [J].经
济研究，2004（2）：17－27.

[95] 林洲钰，林汉川，邓兴华.所得税改革与中国企业技术创新
[J].中国工业经济，2013（3）：111－123.

[96] 刘华，周莹.我国技术转移政策体系及其协同运行机制研究
[J].科研管理，2012（3）：105－112.

[97] 刘加林，严立冬.环境规制对我国区域技术创新差异性的影
响——基于省级面板数据的分析 [J].科技进步与对策，2011（1）：32－36.

[98] 刘津汝，曾先峰，曾倩.环境规制与政府创新补贴对企业绿色产
品创新的影响 [J].经济与管理研究，2019，40（6）：106－118.

[99] 刘兰剑，陈双波.基于多回路竞争的新能源汽车技术创新政策研
究 [J].科学管理研究，2013（5）：41－45.

[100] 刘啟仁，赵灿，黄建忠.税收优惠、供给侧改革与企业投资
[J].管理世界，2019（1）：78－96，114.

[101] 刘伟，薛景.环境规制与技术创新：来自中国省际工业行业的
经验证据 [J].宏观经济研究，2015（10）：72－80，119.

[102] 刘鑫颖，韩超.中国环境规制体制的反思——基于国际比较视
角的分析 [J].国有经济评论，2014，6（2）：123－139.

[103] 刘修岩，吴燕.出口专业化、出口多样化与地区经济增长——来

自中国省级面板数据的实证研究 [J]. 管理世界，2013（8）：30－40，187.

［104］刘郁，陈钊. 中国的环境规制：政策及其成效 [J]. 经济社会体制比较，2016（1）：164－173.

［105］刘毓芸，徐现祥，肖泽凯. 劳动力跨方言流动的倒 U 型模式 [J]. 经济研究，2015（10）：134－146，162.

［106］柳光强. 税收优惠、财政补贴政策的激励效应分析——基于信息不对称理论视角的实证研究 [J]. 管理世界，2016（10）：62－71.

［107］娄昌龙，冉茂盛. 高管激励对波特假说在企业层面的有效性影响研究——基于国有企业与民营企业技术创新的比较 [J]. 科技进步与对策，2015（19）：66－71.

［108］卢盛峰，王靖，陈思霞. 行政中心的经济收益——来自中国政府驻地迁移的证据 [J]. 中国工业经济，2019（11）：24－41.

［109］鲁晓东，连玉君. 中国工业企业全要素生产率估计：1999－2007 [J]. 经济学（季刊），2012，11（2）：541－558.

［110］陆铭，高虹，佐藤宏. 城市规模与包容性就业 [J]. 中国社会科学，2012（10）：47－66，206.

［111］陆瑶，胡江燕. CEO 与董事间的"老乡"关系对我国上市公司风险水平的影响 [J]. 管理世界，2014（3）：131－138.

［112］吕朝凤，余啸. 排污收费标准提高能影响 FDI 的区位选择吗？——基于 SO_2 排污费征收标准调整政策的准自然实验 [J]. 中国人口·资源与环境，2020（9）：62－74.

［113］吕炜，王伟同. 发展失衡、公共服务与政府责任——基于政府偏好和政府效率视角的分析 [J]. 中国社会科学，2008（4）：52－64，206.

［114］马富萍，郭晓川，茶娜. 环境规制对技术创新绩效影响的研究——基于资源型企业的实证检验 [J]. 科学学与科学技术管理，2011（8）：87－92.

［115］马丽梅，刘生龙，张晓. 能源结构、交通模式与雾霾污染——基于空间计量模型的研究 [J]. 财贸经济，2016，37（1）：147－160.

［116］马少超，范英. 基于时间序列协整的中国新能源汽车政策评估

[J]. 中国人口·资源与环境，2018，28（4）：117 - 124.

[117] 毛其淋，盛斌. 对外经济开放，区域市场整合与全要素生产率 [J]. 经济学（季刊），2012，11（1）：181 - 210.

[118] 毛其淋，盛斌. 中国制造业企业的进入退出与生产率动态演化 [J]. 经济研究，2013，48（4）：16 - 29.

[119] 梅赐琪，汪笑男，廖露，刘志林. 政策试点的特征：基于《人民日报》1992 - 2003 年试点报道的研究 [J]. 公共行政评论，2015（3）：8 - 24，202.

[120] 孟庆玺，尹兴强，白俊. 产业政策扶持激励了企业创新吗？——基于"五年规划"变更的自然实验 [J]. 南方经济，2016（12）：1 - 25.

[121] 穆泉，张世秋. 2013 年 1 月中国大面积雾霾事件直接社会经济损失评估 [J]. 中国环境科学，2013，33（11）：2087 - 2094.

[122] 聂爱云，何小钢. 企业绿色技术创新发凡：环境规制与政策组合 [J]. 改革，2012（4）：102 - 108.

[123] 聂辉华，谭松涛，王宇锋. 创新、企业规模和市场竞争：基于中国企业层面的面板数据分析 [J]. 世界经济，2008（7）：57 - 66.

[124] 聂辉华，王梦琦. 政治周期对反腐败的影响——基于 2003 - 2013 年中国厅级以上官员腐败案例的证据 [J]. 经济社会体制比较，2014（4）：127 - 140.

[125] 彭海珍，任荣明. 环境政策工具与企业竞争优势 [J]. 中国工业经济，2003（7）：75 - 82.

[126] 彭纪生，孙文祥，仲为国. 中国技术创新政策演变与绩效实证研究（1978 - 2006）[J]. 科研管理，2008（4）：134 - 150.

[127] 彭纪生，仲为国，孙文祥. 政策测量、政策协同演变与经济绩效：基于创新政策的实证研究 [J]. 管理世界，2008（9）：25 - 36.

[128] 齐绍洲，林屾，崔静波. 环境权益交易市场能否诱发绿色创新？——基于我国上市公司绿色专利数据的证据 [J]. 经济研究，2018，53（12）：129 - 143.

[129] 钱先航，徐业坤. 官员更替、政治身份与民营上市公司的风险承担 [J]. 经济学（季刊），2014，13（4）：1437-1460.

[130] 冉冉."压力型体制"下的政治激励与地方环境治理 [J]. 经济社会体制比较，2013（3）：111-118.

[131] 任志宏，赵细康. 公共治理新模式与环境治理方式的创新 [J]. 学术研究，2006（9）：92-98.

[132] 邵帅，齐中英. 西部地区的能源开发与经济增长——基于"资源诅咒"假说的实证分析 [J]. 经济研究，2008（4）：147-160.

[133] 申广军，陈斌开，杨汝岱. 减税能否提振中国经济？——基于中国增值税改革的实证研究 [J]. 经济研究，2016，51（11）：70-82.

[134] 沈坤荣，金刚. 中国地方政府环境治理的政策效应——基于"河长制"演进的研究 [J]. 中国社会科学，2018（5）：92-115，206.

[135] 沈能，刘凤朝. 高强度的环境规制真能促进技术创新吗？——基于"波特假说"的再检验 [J]. 中国软科学，2012（4）：49-59.

[136] 沈能. 环境规制对区域技术创新影响的门槛效应 [J]. 中国人口·资源与环境，2012，22（6）：12-16.

[137] 石庆玲，郭峰，陈诗一. 雾霾治理中的"政治性蓝天"——来自中国地方"两会"的证据 [J]. 中国工业经济，2016（5）：40-56.

[138] 石淑华. 美国环境规制体制的创新及其对我国的启示 [J]. 经济社会体制比较，2008（1）：166-171.

[139] 石秀，景睿，郑刚，侯光明. 基于专利数据的中国新能源汽车技术创新的区域分布特征分析 [J]. 工业技术经济，2018，37（8）：60-67.

[140] 宋晶，孟德芳. 国有企业高管薪酬制度改革路径研究 [J]. 管理世界，2012（2）：181-182.

[141] 宋文飞，李国平，韩先锋. 价值链视角下环境规制对 R&D 创新效率的异质门槛效应——基于工业 33 个行业 2004-2011 年的面板数据分析 [J]. 财经研究，2014，40（1）：93-104.

[142] 苏晓红. 环境管制政策的比较分析 [J]. 生态经济，2008（4）：142-144，157.

[143] 孙晓梅，田文静．我国注册会计师审计失败与独立性缺失分析——基于证监会处罚报告的思考［J］．经济问题探索，2009（7）：58-64．

[144] 孙早，席建成．中国式产业政策的实施效果：产业升级还是短期经济增长［J］．中国工业经济，2015（7）：52-67．

[145] 陶锋，赵锦瑜，周浩．环境规制实现了绿色技术创新的"增量提质"吗——来自环保目标责任制的证据［J］．中国工业经济，2021（2）：136-154．

[146] 陶群山．环境规制对农业科技创新传导机制的实证分析——兼与"波特假说"的比较［J］．科技管理研究，2015，35（9）：254-258．

[147] 陶长琪，琚泽霞．金融发展视角下环境规制对技术创新的门槛效应——基于价值链理论的两阶段分析［J］．研究与发展管理，2016，28（1）：95-102．

[148] 童伟伟，张建民．环境规制能促进技术创新吗——基于中国制造业企业数据的再检验［J］．财经科学，2012（11）：66-74．

[149] 涂正革，谌仁俊．排污权交易机制在中国能否实现波特效应？［J］．经济研究，2015，50（7）：160-173．

[150] 万建香，梅国平．社会资本可否激励经济增长与环境保护的双赢？［J］．数量经济技术经济研究，2012，29（7）：61-75．

[151] 万建香，汪寿阳．社会资本与技术创新能否打破"资源诅咒"？——基于面板门槛效应的研究［J］．经济研究，2016，51（12）：76-89．

[152] 汪婷婷，韩先锋，宋文飞．中国工业环境规制政策的技术创新效应——基于面板协整和PVECM模型的实证分析［J］．中国科技论坛，2013（12）：17-23．

[153] 王炳成，李洪伟．绿色产品创新影响因素的结构方程模型实证分析［J］．中国人口·资源与环境，2009，19（5）：168-174．

[154] 王锋正，郭晓川．环境规制强度对资源型产业绿色技术创新的影响——基于2003-2011年面板数据的实证检验［J］．中国人口·资源与环境，2015，25（S1）：143-146．

[155] 王锋正，姜涛．环境规制对资源型产业绿色技术创新的影

响——基于行业异质性的视角［J］. 财经问题研究，2015（8）：17 – 23.

［156］王贵卿. 低碳时代下的新能源汽车发展及其对国防建设影响的思考［J］. 中国软科学，2010（S2）：62 – 67.

［157］王海，丁徐轶. 排污权交易机制与企业利润：波特效应还是挤出效应［J］. 政府管制评论，2018（1）：1 – 15.

［158］王海，许冠南. 政策协同、官员更替与企业创新——来自战略性新兴产业政策文本的经验证据［J］. 财经问题研究，2017（1）：33 – 40.

［159］王海，尹俊雅，陈周婷. 政府驻地迁移的产业升级效应［J］. 财经问题研究，2019（1）：28 – 35.

［160］王海，尹俊雅，陈周婷. 政府驻地迁移对企业融资约束的影响［J］. 经济社会体制比较，2020（2）：11 – 22.

［161］王海，尹俊雅，洪涛. 政府驻地迁移与企业 TFP：契机还是危机？［J］. 商业经济与管理，2021（1）：85 – 97.

［162］王海，尹俊雅，李卓. 开征环保税会影响企业 TFP 吗——基于排污费征收力度的实证检验［J］. 财贸研究，2019，30（6）：87 – 98.

［163］王海，尹俊雅，王婕. 政绩导向转变、两控区政策与企业 TFP［J］. 产业经济评论（山东大学），2019，18（2）：1 – 19.

［164］王海，尹俊雅. 波特理论研究动态：理论进展与中国实践［J］. 产业经济评论（山东大学），2016，15（4）：179 – 195.

［165］王海，尹俊雅. 地方产业政策与行业创新发展——来自新能源汽车产业政策文本的经验证据［J］. 财经研究，2021，47（5）：64 – 78.

［166］王海，尹俊雅. 排污费征收如何影响企业退出行为？——基于企业性质差异检验［J］. 政府管制评论，2016（2）：66 – 79.

［167］王海，尹俊雅. 乡土情结的环境治理效应——基于官员异质性视角的实证考察［J］. 云南财经大学学报，2019，35（2）：80 – 92.

［168］王海，尹俊雅. 政府驻地迁移的资源配置效应［J］. 管理世界，2018，34（6）：60 – 71.

［169］王海，朱琳，梁冬慧. 政府驻地迁移如何影响地区房价收入比？——来自大中城市的证据［J］. 云南财经大学学报，2022，38（3）：

79－94.

[170] 王海. 乡土情结与企业创新 [J]. 东北财经大学工作论文, 2017.

[171] 王惠娜. 自愿性环境政策工具在中国情境下能否有效? [J]. 中国人口·资源与环境, 2010, 20 (9): 89－94.

[172] 王杰, 刘斌. 环境规制与企业全要素生产率——基于中国工业企业数据的经验分析 [J]. 中国工业经济, 2014 (3): 44－56.

[173] 王婧, 涂正革. 排污权交易: 理论与实践 [J]. 湖北社会科学, 2009 (3): 103－106.

[174] 王立平, 许蕊. 低碳经济背景下汽车产业发展模式研究——以安徽省为例 [J]. 中国科技论坛, 2012 (5): 53－56, 148.

[175] 王岭, 周立宏, 祁晓凤. 反腐败、政治关联与技术创新——基于2010－2015年创业板企业数据的实证分析 [J]. 经济理论与经济管理, 2019 (12): 78－92.

[176] 王萌. 我国排污费制度的局限性及其改革 [J]. 税务研究, 2009 (7): 28－31.

[177] 王鹏, 郭永芹. 环境规制对我国中部地区技术创新能力影响的实证研究 [J]. 经济问题探索, 2013 (1): 72－76.

[178] 王书斌, 徐盈之. 环境规制与雾霾脱钩效应——基于企业投资偏好的视角 [J]. 中国工业经济, 2015 (4): 18－30.

[179] 王恕立, 刘军. 中国服务企业生产率异质性与资源再配置效应——与制造业企业相同吗? [J]. 数量经济技术经济研究, 2014, 31 (5): 37－53.

[180] 王贤彬, 徐现祥, 李郇. 地方官员更替与经济增长 [J]. 经济学 (季刊), 2009, 8 (3): 1301－1328.

[181] 王贤彬, 徐现祥. 地方官员来源、去向、任期与经济增长——来自中国省长省委书记的证据 [J]. 管理世界, 2008 (3): 16－26.

[182] 王贤彬, 徐现祥. 官员能力与经济发展——来自省级官员个体效应的证据 [J]. 南方经济, 2014 (6): 1－24.

[183] 王贤彬，张莉，徐现祥．辖区经济增长绩效与省长省委书记晋升 [J]．经济社会体制比较，2011 (1)：110-122.

[184] 王小宁，周晓唯．西部地区环境规制与技术创新——基于环境规制工具视角的分析 [J]．技术经济与管理研究，2014 (5)：114-118.

[185] 王旭，岳素敏．闻警自省和趁机赶超：环保约谈对企业绿色创新的跨地域辐射效应 [J]．上海财经大学学报，2021，23 (1)：27-41.

[186] 王雪宇，刘芹．环境规制对于企业绿色技术创新的影响效应分析 [J]．经济研究导刊，2019 (5)：8-11.

[187] 王志．环境政策中的命令控制型政策工具及其优化选择 [J]．企业导报，2012 (10)：26.

[188] 魏圣香，王慧．美国排污权交易机制的得失及其镜鉴 [J]．中国地质大学学报（社会科学版），2013，13 (6)：34-39.

[189] 魏志华，曾爱民，李博．金融生态环境与企业融资约束——基于中国上市公司的实证研究 [J]．会计研究，2014 (5)：73-80，95.

[190] 吴超鹏，唐茹．知识产权保护执法力度、技术创新与企业绩效——来自中国上市公司的证据 [J]．经济研究，2016，51 (11)：125-139.

[191] 吴建南，马亮，杨宇谦．中国地方政府创新的动因、特征与绩效——基于"中国地方政府创新奖"的多案例文本分析 [J]．管理世界，2007 (8)：43-51，171-172.

[192] 吴菁，曹晓军，凌子山．企业人才培养模式的策略思考 [J]．管理世界，2015 (6)：184-185.

[193] 吴力波，任飞州，徐少丹．环境规制执行对企业绿色创新的影响 [J]．中国人口·资源与环境，2021，31 (1)：90-99.

[194] 吴清．环境规制与企业技术创新研究——基于我国30个省份数据的实证研究 [J]．科技进步与对策，2011，28 (18)：100-103.

[195] 夏怡然，陆铭．城市间的"孟母三迁"——公共服务影响劳动力流向的经验研究 [J]．管理世界，2015 (10)：78-90.

[196] 肖兴志，王海．哪种融资渠道能够平滑企业创新活动？——基

于国企与民企差异检验 [J]. 经济管理, 2015, 37 (8): 151 - 160.

[197] 肖兴志, 王伊攀. 战略性新兴产业政府补贴是否用在了"刀刃"上?——基于 254 家上市公司的数据 [J]. 经济管理, 2014 (4): 19 - 31.

[198] 谢志明, 张媛, 贺正楚, 张蜜. 新能源汽车产业专利趋势分析 [J]. 中国软科学, 2015 (9): 127 - 141.

[199] 邢丽云, 俞会新. 环境规制对企业绿色创新的影响——基于绿色动态能力的调节作用 [J]. 华东经济管理, 2019, 33 (10): 20 - 26.

[200] 邢敏. 中国实施的新能源汽车政策及效果分析 [J]. 经济研究导刊, 2015 (6): 52 - 54, 71.

[201] 熊勇清, 李小龙. 新能源汽车供需双侧政策在异质性市场作用的差异 [J]. 科学学研究, 2019 (4): 597 - 606.

[202] 徐保昌, 谢建国. 排污征费如何影响企业生产率: 来自中国制造业企业的证据 [J]. 世界经济, 2016 (8): 143 - 168.

[203] 徐佳, 崔静波. 低碳城市和企业绿色技术创新 [J]. 中国工业经济, 2020 (12): 178 - 196.

[204] 徐现祥, 刘毓芸, 肖泽凯. 方言与经济增长 [J]. 经济学报, 2015 (2): 1 - 32.

[205] 徐现祥, 王贤彬, 舒元. 地方官员与经济增长——来自中国省长、省委书记交流的证据 [J]. 经济研究, 2007 (9): 18 - 31.

[206] 徐志伟, 刘芷菁, 张舒可. 政府驻地迁移的污染伴随效应 [J]. 产业经济研究, 2020 (5): 86 - 99.

[207] 许士春, 何正霞, 龙如银. 环境规制对企业绿色技术创新的影响 [J]. 科研管理, 2012 (6): 67 - 74.

[208] 薛钢, 明海蓉, 刘彦龙. 环境保护税减排治污的"倒 U"效应——基于区域征收强度的测算 [J]. 税收经济研究, 2020 (3): 25 - 34.

[209] 严成樑, 徐翔. 生产性财政支出与结构转型 [J]. 金融研究, 2016 (9): 99 - 114.

[210] 杨海生, 才国伟, 李泽槟. 政策不连续性与财政效率损失——

来自地方官员变更的经验证据 [J]. 管理世界, 2015 (12): 12 - 23, 187.

[211] 杨海生, 罗党论, 陈少凌. 资源禀赋、官员交流与经济增长 [J]. 管理世界, 2010 (5): 17 - 26.

[212] 杨钧, 罗能生. 新型城镇化对农村产业结构调整的影响研究 [J]. 中国软科学, 2017 (11): 8.

[213] 杨其静, 聂辉华. 保护市场的联邦主义及其批判 [J]. 经济研究, 2008 (3): 99 - 114.

[214] 杨其静. 企业成长: 政治关联还是能力建设? [J]. 经济研究, 2011, 46 (10): 54 - 66, 94.

[215] 杨汝岱. 中国制造业企业全要素生产率研究 [J]. 经济研究, 2015, 50 (2): 61 - 74.

[216] 杨瑞龙, 章泉, 周业安. 财政分权、公众偏好和环境污染——来自中国省级面板数据的证据 [J]. 中国人民大学工作论文, 2007.

[217] 杨兴全, 齐云飞, 吴昊旻. 行业成长性影响公司现金持有吗? [J]. 管理世界, 2016 (1): 153 - 169.

[218] 杨野, 常懿心. 地方政府驻地迁移与财政支出效率 [J]. 经济评论, 2021 (4): 131 - 144.

[219] 姚洋, 张牧扬. 官员绩效与晋升锦标赛——来自城市数据的证据 [J]. 经济研究, 2013 (1): 137 - 150.

[220] 殷宝庆. 环境规制与我国制造业绿色全要素生产率——基于国际垂直专业化视角的实证 [J]. 中国人口·资源与环境, 2012 (12): 60 - 66.

[221] 殷华方, 潘镇, 鲁明泓. 中央—地方政府关系和政策执行力: 以外资产业政策为例 [J]. 管理世界, 2007 (7): 22 - 36.

[222] 尹振东. 官员交流与经济增长 [J]. 经济社会体制比较, 2010 (4): 23 - 29.

[223] 于连超, 张卫国, 毕茜. 环境税对企业绿色转型的倒逼效应研究 [J]. 中国人口·资源与环境, 2019, 29 (7): 112 - 120.

[224] 于连超, 张卫国, 毕茜. 环境税会倒逼企业绿色创新吗? [J]. 审计与经济研究, 2019, 34 (2): 79 - 90.

［225］于同申，张成．环境规制与经济增长的关系——基于中国工业部门面板数据的协整检验［J］．学习与探索，2010（2）：131－134．

［226］于文超，高楠，龚强．公众诉求、官员激励与地区环境治理［J］．浙江社会科学，2014（5）：23－35，10，156－157．

［227］于文超，何勤英．辖区经济增长绩效与环境污染事故——基于官员政绩诉求的视角［J］．世界经济文汇，2013（2）：20－35．

［228］余东华，胡亚男．环境规制趋紧阻碍中国制造业创新能力提升吗？——基于"波特假说"的再检验［J］．产业经济研究，2016（2）：11－20．

［229］余明桂，范蕊，钟慧洁．中国产业政策与企业技术创新［J］．中国工业经济，2016（12）：5－22．

［230］余伟，陈强．"波特假说"20年——环境规制与创新、竞争力研究述评［J］．科研管理，2015，36（5）：65－71．

［231］臧传琴．环境规制工具的比较与选择——基于对税费规制与可交易许可证规制的分析［J］．云南社会科学，2009（6）：97－102．

［232］张宝通，裴成荣．从战略高度认识西安政府迁移问题［J］．西安交通大学学报（社会科学版），2003（3）：7－12．

［233］张成，陆旸，郭路，于同申．环境规制强度和生产技术进步［J］．经济研究，2011，46（2）：113－124．

［234］张弛，任剑婷．基于环境规制的我国对外贸易发展策略选择［J］．生态经济，2005（10）：169－171．

［235］张尔升．地方官员的企业背景与经济增长——来自中国省委书记、省长的证据［J］．中国工业经济，2010（3）：129－138．

［236］张国胜．技术变革、范式转换与战略性新兴产业发展：一个演化经济学视角的研究［J］．产业经济研究，2012（6）：26－32．

［237］张国兴，冯祎琛，王爱玲．不同类型环境规制对工业企业技术创新的异质性作用研究［J］．管理评论，2021，33（1）：92－102．

［238］张国兴，高秀林，汪应洛，郭菊娥，汪寿阳．中国节能减排政策的测量、协同与演变——基于1978－2013年政策数据的研究［J］．中国

人口·资源与环境，2014，24（12）：62－73．

[239] 张海玲．技术距离、环境规制与企业创新 [J]．中南财经政法大学学报，2019（2）：147－156．

[240] 张海钟，姜永志．和谐社会建设视野的中国区域文化心理差异研究 [J]．理论研究，2010（3）：19－21，29．

[241] 张华，丰超，刘贯春．中国式环境联邦主义：环境分权对碳排放的影响研究 [J]．财经研究，2017，43（9）：33－49．

[242] 张华．地区间环境规制的策略互动研究——对环境规制非完全执行普遍性的解释 [J]．中国工业经济，2016（7）：74－90．

[243] 张会恒．政府规制工具的组合选择：由秸秆禁烧困境生发 [J]．改革，2012（10）：136－141．

[244] 张军，高远，傅勇，张弘．中国为什么拥有了良好的基础设施？[J]．经济研究，2007（3）：4－19．

[245] 张军，高远．官员任期、异地交流与经济增长——来自省级经验的证据 [J]．经济研究，2007（11）：91－103．

[246] 张克中，王娟，崔小勇．财政分权与环境污染：碳排放的视角 [J]．中国工业经济，2011（10）：65－75．

[247] 张坤民，温宗国，彭立颖．当代中国的环境政策：形成、特点与评价 [J]．中国人口·资源与环境，2007（2）：1－7．

[248] 张丽，吕康银，王文静．地方财政支出对中国省际人口迁移影响的实证研究 [J]．税务与经济，2011（4）：13－19．

[249] 张嫚．环境规制与企业行为间的关联机制研究 [J]．财经问题研究，2005（4）：34－39．

[250] 张平，张鹏鹏，蔡国庆．不同类型环境规制对企业技术创新影响比较研究 [J]．中国人口·资源与环境，2016，26（4）：8－13．

[251] 张平，赵国昌，罗知．中央官员来源与地方经济增长 [J]．经济学（季刊），2012，11（2）：613－634．

[252] 张倩，曲世友．环境规制强度与企业绿色技术采纳程度关系的研究 [J]．科技管理研究，2014，34（5）：30－34．

[253] 张倩. 市场激励型环境规制对不同类型技术创新的影响及区域异质性 [J]. 产经评论, 2015, 6 (2): 36 - 48.

[254] 张天华, 陈力, 董志强. 高速公路建设、企业演化与区域经济效率 [J]. 中国工业经济, 2018 (1): 79 - 99.

[255] 张同斌. 提高环境规制强度能否"利当前"并"惠长远"[J]. 财贸经济, 2017, 38 (3): 116 - 130.

[256] 张文春, 王薇, 李洋. 集权与分权的抉择——改革开放 30 年中国财政体制的变迁 [J]. 经济理论与经济管理, 2008 (10): 42 - 49.

[257] 张协奎, 林冠群, 陈伟清. 促进区域协同创新的模式与策略思考——以广西北部湾经济区为例 [J]. 管理世界, 2015 (10): 2.

[258] 张新文. 典型治理与项目治理: 地方政府运动式治理模式探究 [J]. 社会科学, 2015 (12): 13 - 21.

[259] 张艳磊, 秦芳, 吴昱. "可持续发展"还是"以污染换增长"——基于中国工业企业销售增长模式的分析 [J]. 中国工业经济, 2015 (2): 89 - 101.

[260] 张翼, 王书蓓. 政府环境规制、研发税收优惠政策与绿色产品创新 [J]. 华东经济管理, 2019, 33 (9): 47 - 53.

[261] 张永安, 周怡园. 新能源汽车补贴政策工具挖掘及量化评价 [J]. 中国人口·资源与环境, 2017, 27 (10): 188 - 197.

[262] 张中元, 赵国庆. FDI、环境规制与技术进步——基于中国省级数据的实证分析 [J]. 数量经济技术经济研究, 2012, 29 (4): 19 - 32.

[263] 赵红. 环境规制对中国产业技术创新的影响 [J]. 经济管理, 2007 (21): 57 - 61.

[264] 赵霄伟. 地方政府间环境规制竞争策略及其地区增长效应——来自地级市以上城市面板的经验数据 [J]. 财贸经济, 2014 (10): 105 - 113.

[265] 赵筱媛, 苏竣. 基于政策工具的公共科技政策分析框架研究 [J]. 科学学研究, 2007, 25 (1): 52 - 56.

[266] 赵玉民, 朱方明, 贺立龙. 环境规制的界定、分类与演进研究 [J]. 中国人口·资源与环境, 2009, 19 (6): 85 - 90.

［267］郑思齐，万广华，孙伟增，罗党论．公众诉求与城市环境治理［J］．管理世界，2013（6）：72－84．

［268］周开国，卢允之，杨海生．融资约束、创新能力与企业协同创新［J］．经济研究，2017，52（7）：94－108．

［269］周黎安，李宏彬，陈烨．相对绩效考核：中国地方官员晋升机制的一项经验研究［J］．经济学报，2005（1）：83－96．

［270］周黎安．中国地方官员的晋升锦标赛模式研究［J］．经济研究，2007（7）：36－50．

［271］周佩，章道云，姚世斌．协同创新与企业多元互动研究［J］．管理世界，2013（8）：181－182．

［272］周晓慧，邹肇芸．经济增长、政府财政收支与地方官员任期——来自省级的经验证据［J］．经济社会体制比较，2014（6）：112－125．

［273］周亚虹，蒲余路，陈诗一，方芳．政府扶持与新型产业发展——以新能源为例［J］．经济研究，2015，50（6）：147－161．

［274］周燕，潘遥．财政补贴与税收减免——交易费用视角下的新能源汽车产业政策分析［J］．管理世界，2019，35（10）：133－149．

［275］周振华．我国产业政策效应偏差分析［J］．经济研究，1990（11）：21－27，20．

［276］朱光喜．政策"反协同"：原因与途径——基于"大户籍"政策改革的分析［J］．江苏行政学院学报，2015（4）：117－123．

［277］朱沁瑶．环境规制与区域经济发展——基于江西省1995－2015年数据的实证分析［J］．新余学院学报，2017，22（5）：44－48．

［278］祝佳．创新驱动与金融支持的区域协同发展研究——基于产业结构差异视角［J］．中国软科学，2015（9）：106－116．

［279］Acemoglu, D., Aghion, P., Bursztyn, L. & Hemous, D. The environment and directed technical change［R］. NBER Working Paper, 2009.

［280］Aghion, P., Dewatripont, M. & Rey, P. Corporate Governance, Competition Policy and Industrial Policy［J］. European Economic Review, 1997, 41（3）：797－805.

[281] Aghion, P., Askenazy, P., Berman, N., Cette, G. & Eymard, L. Credit constraints and the cyclicality of R&D investment: Evidence from micro panel data [J]. Journal of the European Economic Association, 2012, 10 (5): 1001 – 1024.

[282] Aghion, P., Dewatripont, M., Du, L., Harrison, A. & Legros, P. Industrial policy and competition [J]. American Economic Journal: Macroeconomics, 2015, 7 (4): 1 – 32.

[283] Alder, S., Lin, S. & Zilibotti, F. Economic reforms and industrial policy in a panel of chinese cities [J]. Journal of Economic Growth, 2016, 21 (4): 305 – 349.

[284] Allen, F., Qian, J. & Qian, M. Law, finance, and economic growth in china [J]. Journal of Financial Economics, 2005, 77 (1): 57 – 116.

[285] Alpay, E., Buccola, S. & Kerkvliet, J. Productivity growth and environmental regulation in mexican and u. s. food manufacturing [J]. American Journal of Agricultural Economics, 2002, 84 (4): 887 – 901.

[286] Ambec, S. & Barla, P. Can environmental regulations be good for business? an assessment of the porter hypothesis [J]. Energy Studies Review, 2006, 14 (2): 42 – 62.

[287] Ambec, S., Cohen, 9M. A., Elgie, S. & Lanoie, P. The porter hypothesis at 20: Can environmental regulation enhance innovation and competitiveness? [J]. Review of Environmental Economics and Policy, 2013, 7 (1): 2 – 22.

[288] Andersson, R., Quigley, J. M. & Wilhelmsson, M. University decentralization as regional policy: The swedish experiment [J]. Journal of Economic Geography, 2004, 4 (4): 371 – 388.

[289] Andersson, R., Quigley, J. M. & Wilhelmsson, M. Urbanization, productivity and innovation: Evidence from investment in higher education [J]. Journal of Urban Economics, 2009, 66 (1): 2 – 15.

[290] André, J. F., González, P. & Portiero, N. Strategic quality competition and the porter hypothesis [J]. Journal of Environmental Economics and

Management, 2008, 57 (2): 182 – 194.

[291] Arellano, M. & Bover, O. Another look at instrumental variable estimation of error component models [J]. Journal of Econometrics, 1995, 68 (1): 29 – 51.

[292] Arimura, T. H., Hibiki, A. & Johnstone, N. An empirical study of environmental R&D: What encourages facilities to be environmentally-innovative [R]. Corporate Behaviour and Environmental Policy, 2017.

[293] Arjaliès, D. L. & Ponssard, J. P. A managerial perspective on the porter hypothesis: The case of CO2 emissions [J]. Post Print, 2010: 151 – 168.

[294] Ashford, N. A., Ayers, C. & Stone, R. F. Using regulation to change the market for innovation [J]. Harvard Environmental Law Review, 1985, 9 (2): 419 – 466.

[295] Bakvis, H. & Browny, D. Policy coordination in federal systems: Comparing intergovernmental processes and outcomes in Canada and the united states [J]. The Journal of Federalism, 2010, (3): 484 – 507.

[296] Barbera, A. J. & Mcconnell, V. D. The impact of environmental regulations on industry productivity: Direct and indirect effects [J]. Journal of Environmental Economics Management, 1990, 18 (1): 50 – 65.

[297] Barr, S. Factors influencing environmental attitudes and behaviors: A u. k. case study of household waste management [J]. Environment & Behavior, 2007, 39 (4): 435 – 473.

[298] Becker, S. O., Heblich, S. & Sturm, D. M. The impact of public employment: Evidence from bonn [C]. ERSA Conference Papers, European Regional Science Association, 2013.

[299] Beresteanu, A. & Li, S. J. Gasoline price, government support, and demand for hybrid vehicles in the united states [J]. International Economic Review, 2010, 52 (1): 161 – 182.

[300] Berman, E. & Bui, L. T. M. Environmental regulation and productivity: Evidence from oil refineries [J]. The Review of Economics and Statistics,

2001, 83（3）：498 – 510.

［301］ Boyd, G. A. & McClelland, J. D. The impact of environmental constraint on productivity improvement in integrated paper plants ［J］. Journal of Environmental Economics Management, 1999, 38（2）：121 – 142.

［302］ Brandt, L. , Biesebroeck, J. V. & Zhang, Y. Creative accounting or creative destruction? firm-level productivity growth in chinese manufacturing ［J］. Journal of Development Economics, 2012, 97（2）：339 – 351.

［303］ Brännlund, R. & Lundgren, T. Environmental policy without costs? A review of the porter hypothesis ［J］. International Review of Environmental and Resource Economics, 2009, 3（2）：75 – 117.

［304］ Brown, J. R. & Petersen, B. C. Cash holdings and R&D smoothing ［J］. Social Science Electronic Publishing, 2011, 17（3）：694 – 709.

［305］ Brown, J. R. , Fazzari, S. M. & Petersen, B. C. Financing innovation and growth：Cash flow, external equity, and the 1990s R&D boom ［J］. The Journal of Finance, 2009, 64（1）：151 – 185.

［306］ Brunnermeier, S. B. & Cohen, M. A. Determinants of environmental innovation in us manufacturing industries ［J］. Journal of Environmental Economics and Management, 2003, 45：278 – 293.

［307］ Burtraw, D. Innovation under the tradable sulfur dioxide emission permits program in the U. S. electricity sector ［R］. Discussion Paper, 2000.

［308］ Caselli, F. & Morelli, M. Bad politicians ［J］. Journal of Public Economics, 2004, 88（3 – 4）：759 – 782.

［309］ Chan, H. K. , Yee, R. W. Y. , Dai, J. & Lim, M. K. The moderating effect of environmental dynamism on green product innovation and performance ［J］. International Journal of Production Economics, 2016, 181：384 – 391.

［310］ Chay, K. Y. & Greenstone, M. The impact of air pollution on infant mortality：Evidence from geographic variation in pollution shocks induced by a recession ［J］. Social Science Electronic Publishing, 2003, 118（3）：1121 – 1167.

［311］Chen, D. K., Chen, S. Y. & Jin, H. Industrial agglomeration and CO_2 emissions: Evidence from 187 chinese prefecture-level cities over 2005 - 2013 ［J］. Journal of Cleaner Production, 2018, 172: 993 - 1003.

［312］Chen, Y., Ebenstein, A., Greenstone, M. & Li, H. Evidence on the impact of sustained exposure to air pollution on life expectancy from china's huai river policy ［J］. Proceedings of the National Academy of Sciences of the United States of America, 2013, 110 (32): 12936 - 12941.

［313］Chowdhury, P. R. The porter hypothesis and hyperbolic discounting ［R］. MPRA Paper, 2010.

［314］Clausen, T. H. Do subsidies have positive impacts on R&D and innovation activities at the firm level? ［J］. Structural Change and Economic Dynamics, 2009, 20: 239 - 253.

［315］Czarnitzki, D. & Hottenrott, H. R&D investment and financing constraints of small and medium-sized firms ［J］. Small Business Economics, 2011, 36 (1): 65 - 83.

［316］Davidson, C. & Segerstrom, P. R&D subsidies and economic growth ［J］. Rand Journal of Economics, 1998, 29 (3): 548 - 577.

［317］De Vries, F. P. & Withagen, C. A. A. M. Innovation and environmental stringency: The case of sulfur dioxide abatement ［R］. Discussion Papers, 2005.

［318］Denison, E. F. Accounting for slower economic growth: The united states in the 1970's ［M］. Brookings Institution Press, 1979.

［319］Dong, B. & Torgler, B. Causes of corruption: Evidence from china ［J］. China Economic Review, 2013, 26: 152 - 169.

［320］Dong, Z., He, Y., Wang, H. & Wang, L. H. Is there a ripple effect in environmental regulation in China? - evidence from the local-neighborhood green technology innovation perspective ［J］. Ecological Indicators, 2020, 118: 106773.

［321］Dosi, G. Technological paradigms and technological trajectories: A suggested interpretation of the determinants and directions of technical change [J]. Research Policy, 1982, 11 (3): 147 –162.

[322] Ebenstein, A. , Fan, M. Y. , Greenstone, M. , He, G. J. , Yin, P. & Zhou, M. G. Growth, pollution, and life expectancy: China from 1991 – 2012 [J]. American Economic Review, 2015, 105 (5): 226 –231.

[323] Edquist, C. Systems of innovation: Technologies, institutions, and organizations [M]. Psychology Press, 1997.

[324] Ernest, L. Industrial policies in production networks [J]. Quarterly Journal of Economics, 2019, 134 (4): 1883 –1948.

[325] Faggio G. Relocation of public sector workers: The local labor market impact of the lyons review [J]. ESSLE, 2013.

[326] Faggio, G. & Overman, H. The effect of public sector employment on local labor markets [J]. Journal of Urban Economics, 2014, 79: 91 –107.

[327] Feichtinger, G. , Hartl, R. F. , Kort, P. M. & Veliov, V. M. Environmental policy, the porter hypothesis and the composition of capital: Effects of learning and technological progress [J]. Journal of Environmental Economics and Management, 2005, 50 (2): 434 –446.

[328] Freeman C, Formal Scientific and Technical Institutions in the National System of Innovation, 1992.

[329] Frondel, M. , Horbach, J. & Rennings, K. End-of-Pipe or cleaner production? An empirical comparison of environmental innovation decisions across oecd countries [J]. Business Strategy and The Environment, 2007, 16 (8): 571 –584.

[330] Fu, S. H. & Gu, Y. Z. Highway toll and air pollution: Evidence from chinese cities [J]. Journal of Environmental Economics and Management, 2017, 83: 32 –49.

[331] Gabel, H. L. & Sinclair-Desgagné, B. The firm, its routines, and the environment [M]. INSEAD, 1997.

[332] Gass, V. , Schmidt, J. & Schmid, E. Analysis of alternative policy

instruments to promote electric vehicles in Austria [J]. Renewable Energy, 2014, 61 (1): 96 – 101.

[333] Ghisetti, C. & Quatraro, F. Green technologies and environmental productivity: A cross-sectoral analysis of direct and indirect effects in italian regions [J]. Ecological Economics, 2017, 132: 1 – 13.

[334] Gollop, F. M. & Roberts, M. J. Environmental regulations and productivity growth: The case of fossil-fuelled electric power generation [J]. J ournal of Political Economy, 1983, 91 (4): 654 – 674.

[335] Gore, A. Earth in the balance: Ecology and the human spirit [M]. Houghton Mifflin, 1992.

[336] Görg, H. & Strobl, E. The effect of R&D subsidies on private R&D [J]. Economica, 2007, 74 (294): 215 – 234.

[337] Gray, W. B. & Shadbegian, R. J. Environmental regulation investment timing, and technology choice [J]. Journal of Industrial Economics, 1998, 46 (2): 235 – 256.

[338] Gray, W. B. & Shadbegian, R. J. Plant vintage, technology, and environmental regulation [J]. Journal of Environmental Economics and Management, 2003, 46 (3): 384 – 402.

[339] Gray, W. B. The cost of regulation: Osha, epa and the productivity slowdown [J]. American Economic Review, 1987, 77 (5): 998 – 1006.

[340] Greenstone, M. & Hanna, R. Environmental regulations, air and water pollution, and infant mortality in india [J]. HKS Working Paper, 2014.

[341] Guo, G. China's local political budget cycles. [J]. American Journal of Political Science, 2009, 53 (3): 621 – 632.

[342] Guo, L. L., Qu, Y. & Tseng, M. L. The interaction effects of environmental regulation and technological innovation on regional green growth performance [J]. Journal of Cleaner Production, 2017, 162: 894 – 902.

[343] Hall, B. H. & Lerner, J. The financing of R&D and innovation [J]. Handbook of the Economics of Innovation, 2010, 1: 609 – 639.

［344］Hall, B. H. & Reenen, J. V. , How effective are fiscal incentives for R&D? A new review of the evidence ［J］. Research Policy, 2000, 29 (4): 449 – 469.

［345］Hall, B. H. The assessment: Technology policy ［J］. Oxford Review of Economic Policy, 2002, 18 (1): 1 – 9.

［346］Hamamoto, M. Environmental regulation and the productivity of japanese manufacturing industries ［J］. Resource and Energy Economics, 2006, 28 (4): 299 – 312.

［347］Hansen, B. E. Sample splitting and threshold estimation ［J］. Econometrica, 2000, 68 (3): 575 – 603.

［348］Hansen, B. E. Threshold effects in non-dynamic panels: Estimation, testing, and inference ［J］. Journal of Econometrics, 1999, 93 (2): 345 – 368.

［349］Hazlett, T. W. & Weisman, D. L. Market power in us broadband services ［J］. Review of Industrial Organization, 2011, 38: 151 – 171.

［350］Hering, L. & Poncet, S. Environmental policy and exports: Evidence from Chinese cities ［J］. Journal of Environmental Economics and Management, 2014, 68 (2): 296 – 318.

［351］Hibiki, A. , Arimura, T. H. & Managi, S. Environmental regulation, R&D and technological change ［R］. Mimeo, 2010.

［352］Holtz-Eakin, D. , Newey, W. & Rosen, H. S. Estimating vector autoregressions with panel data ［J］. Econometrica, 1988.

［353］Hsieh, C. T. & Klenow, P. J. Misallocation and manufacturing tfp in china and india ［J］. Quarterly Journal of Economics, 2009, 124 (4): 1403 – 1448.

［354］Hua, W. & Wheeler, D. Financial incentives and endogenous enforcement in china's pollution levy system ［J］. Journal of Environmental Economics & Management, 2015, 49 (1): 174 – 196.

［355］Huang, J. W. & Li, Y. H. Green innovation and performance: The view of organizational capability and social reciprocity [J]. Journal of Business Ethics, 2017, 145: 309 – 324.

[356] Hwang, S., Comparative study on electric vehicle policies between korea and eu countries [J]. World Electric Vehicle Journal, 2015.

[357] Jaffe, A. B. & Palmer, K. Environmental regulation and innovation: A panel data study [J]. The Review of Economics and Statistics, 1997, 79 (4): 610 – 619.

[358] Jaffe, A. B., Newell, R. G. & Stavins, R. N. Environmental policy and technological change [J]. Environmental and Resource Economics, 2002, 22 (1): 41 – 70.

[359] Jaffe, A. B., Peterson, S. R., Portney, P. R. & Stavins, R. N. Environmental regulation and the competitiveness of U. S. manufacturing: what does the evidence tell us? [J]. Journal of Economic Literature, 1995, 33 (1): 132 – 163.

[360] Jefferson, C. W. & Trainor, M. Public sector relocation and regional development [J]. Urban Studies, 1996, 33 (1): 37 – 48.

[361] Jefferson, G. H., Tanaka, S. & Yin, W. Environmental regulation and industrial performance: Evidence from unexpected externalities in china [J]. Social Science Electronic Publishing, 2013.

[362] Jin, Y. & Lin, L. China's provincial industrial pollution: The role of technical efficiency, pollution levy and pollution quantity control [J]. Environment and Development Economics, 2014, 19 (1): 111 – 132.

[363] Johnstone, N. & Labonne, J. Environmental policy, management and R&D [J]. OECD Economic Studies, 2006 (1): 169 – 203.

[364] Jorgenson, D. W. & Wilcoxen, P. J. Environmental regulation and u. s. economic growth [J]. The RAND Journal of Economics, 1990, 21 (2): 314 – 340.

[365] Julio, B. & Yook, Y. Political uncertainty and corporate investment cycles [J]. The Journal of Finance, 2012, 67 (1): 45 – 83.

[366] Kahn, M. E., Li, P. & Zhao, D. Water pollution progress at borders: the role of changes in china's political promotion incentives [J]. American Economic Journal: Economic Policy, 2015, 7 (4): 223 – 242.

[367] Kaiser, R. & Prange, H. Missing the lisbon target? multi-level innovation and eu policy coordination [J]. Journal of Public Policy, 2005, 25 (2): 241 – 263.

[368] Kennedy, P. Innovation stochastique et coût de la réglementation environnementale [J]. L'Actualité économique, 1994, 70 (2): 199 – 209.

[369] Kim, L. Imitation to innovation [M]. Boston: Harvard Business School Press, 1997.

[370] Kostka, G. Environmental protection bureau leadership at the provincial level in China: Examining diverging career backgrounds and appointment patterns [J]. Journal of Environmental Policy & Planning, 2013, 15 (1): 41 – 63.

[371] Kragh, S. U. The anthropology of nepotism social distance and reciprocity in organizations in developing countries [J]. International Journal of Cross Cultural Management, 2012, 12 (2): 247 – 265.

[372] Kuosmanen, T., Bijsterbosch, N. & Dellink, R. Environmental cost-benefit analysis of alternative timing strategies in greenhouse gas abatement: A data envelopment analysis approach [J]. Ecological Economics, 2009, 68 (6): 1633 – 1642.

[373] Labonne, J. & Johnstone, N. Environmental policy and economies of scope in facility-level environmental practices [J]. Environmental Economics and Policy Studies, 2008, 9 (3): 145 – 166.

[374] Lach, S. Do R&D subsidies stimulate or displace private R&D? Evidence from Israel [J]. Journal of Industrial Economics, 2010, 50 (4): 369 – 390.

[375] Lanjouw, J. O. & Mody, A. Innovation and the international environmentally responsive technology [J]. Research Policy, 1996, 25: 549 – 571.

［376］Lanoie, P., Laurent, J., Johnstone, N. & Ambec, S. Environmental policy, innovation and performance: New insights on the porter hypothesis ［J］. Journal of Economics & Management Strategy, 2011, 20 (3): 803 – 842.

［377］Lee, E. Y. & Cin, B. C. The effect of risk-sharing government subsidy on corporate R&D investment: Empirical evidence from Korea ［J］. Technological Forecasting & Social Change, 2010, 77 (6): 881 – 890.

［378］Lee, T. Growth of electric vehicle market via policies and restrictions ［R］. KB Financial Group Inc. Business Research Institute (in Korean), 2016.

［379］Li, H. B. & Zhou, L. A. political turnover and economic performance: The incentive role of personnel control in China ［J］. Journal of Public Economics, 2005, 89 (10): 1743 – 1762.

［380］Li, S. J., Liu, Y. Y., Purevjav, A. O. & Yang, L., Does subway expansion improve air quality ［J］. Journal of Environmental Economics and Management, 2019, 96: 213 – 235.

［381］Lin, L. Enforcement of pollution levies in China ［J］. Journal of Public Economics, 2013, 98 (1): 32 – 43.

［382］Lin, R. J., Tan, K. H. & Geng, Y. Market demand, green product innovation, and firm performance: Evidence from vietnam motorcycle industry ［J］. Journal of Cleaner Production, 2013, 40: 101 – 107.

［383］Lundvall, B. Å., Johnson, B., Andersen E. S. & Dalum, B. National systems of production, innovation and competence building ［J］. Research Policy, 2002, 31 (2): 213 – 231.

［384］Manso, G., Motivating innovation ［J］. Journal of Finance, 2011, 66 (5): 1823 – 1860.

［385］Maskin, E., Qian, Y. Y. & Xu, C. G. Incentives, information, and organizational form ［J］. The Review of Economic Studies, 2000, 67 (2): 359 – 378.

［386］Meijers, E. & Stead, D. Policy integration: What does it mean and how can it be achieved? A multi-disciplinary review ［C］. Berlin Conference on the Human Dimensions of Global Environmental Change: Greening of Policies-Interlinkages and Policy Integration, 2004.

[387] Melitz, M. J. The impact of trade on intra-industry reallocations and aggregate industry productivity [J]. Econometrica, 2003, 71 (6): 1695 – 1725.

[388] Mohr, R. D. Environmental performance standards and the adoption of technology [J]. Ecological Economics, 2006, 58 (2): 238 – 248.

[389] Mohr, R. D. Technical change, external economies, and the porter hypothesis [J]. Journal of Environmental Economics and Management, 2002, 43 (1): 158 – 168.

[390] Montalvo, C. C. Sustainable production and consumption systems cooperation for change: Assessing and simulating the willingness of the firm to adopt develop cleaner technologies. the case of the in-bond industry in northern mexico [J]. Journal of Cleaner Production, 2003, 11 (4): 411 – 426.

[391] Montinola, G. , Qian, Y. & Weingast, B. R. Federalism, Chinese style: The political basis for economic success in china [J]. World Politics, 1995, 48 (1): 50 – 81.

[392] Murphy, K. M. , Shleifer, A. & Vishny, R. W. Why is rent-seeking so costly to growth? [J]. American Economic Review, 1993, 83 (2): 409 – 414.

[393] Murray, B. C. , Cropper, M. L. , de la Chesnaye, F. C. & Reilly, J. M. How effective are us renewable energy subsidies in cutting greenhouse gases? [J]. American Economic Review, 2014, 104 (5): 569 – 574.

[394] Murty, M. N. & Kumar, S. Win-win opportunities and environmental regulation: Testing of porter hypothesis for indian manufacturing industries [J]. Journal of Environmental Management, 2003, 67 (2): 139 – 144.

[395] Naughton, B. The third front: Defence industrialization in the Chinese interior [J]. The China Quarterly, 1988, 115: 351 – 386.

[396] Nelson, R. A. , Tietenberg, T. & Donihue, M. R. Differential environmental regulation: Effects on electric utility capital turnover and emissions [J]. Review of Economics and Statistics, 1993, 75 (2): 368 – 373.

[397] Newell, A. & Shaw, J. C. Human problem solving [M]. Prentice-Hall, 1972.

[398] Nickell, S. , Nicolitsas, D. & Dryden, N. What makes firms perform well? [J]. European Economic Review, 1997, 41 (3): 783 – 796.

[399] Nunn, N. & Qian, N. US food aid and civil conflict [J]. American Economic Review, 2014, 104 (6): 1630 – 1666.

[400] Oi, J. C. Rural China takes off: Institutional foundations of economic reform [M]. Berkeley: University of California Press, 1999.

[401] Olley, G. S. & Pakes, A. The dynamics of productivity in the telecommunications equipment industry [J]. Econometrica, 1996, 64 (6): 1263 – 1297.

[402] Olley, G. S. & Pakes, A. , The dynamics of productivity in the telecommunications equipment industry [R]. NBER Working Paper, 1992.

[403] Palmer, K. , Oates, W. E. & Portney, P. R. Tightening environmental standards: the benefit-cost or the no-cost paradigm? [J]. The Journal of Economic Perspectives, 1995, 9 (4): 119 – 132.

[404] Pellenbarg, P. H. , Wissen, L. J. G. V. & Dijk, J. V. Firm migration [J]. Industrial Location Economics, 2002: 110 – 148.

[405] Peters, A. & Dutschke, E. How do consumers perceive electric vehicles? A comparison of german consumer groups [J]. Journal of Environment Policy & Planning, 2013, 16 (3): 359 – 377.

[406] Peters, M. Schneider, M. , Griesshaber, T. & Hoffmann V. H. The impact of technology-push and demand-pull policies on technical change-Does the locus of policies matter[J]. Research Policy, 2012, 41 (8): 1296 – 1308.

[407] Pickman, H. A. The effect of environmental regulation on environmental innovation [J]. Business Strategy and the Environment, 1998, 7 (4): 223 – 233.

[408] Porter, M. E. & Van der Linde, C. Toward a New Conception of the Environment-Competitiveness Relationship [J]. Journal of Economic Perspec-

tives, 1995, 9 (4): 97 –118.

[409] Porter, M. E. American's green strategy [J]. Scientific American, 1991, 264 (4): 193 –246.

[410] Rassier, D. G. & Earnhart, D. The effect of clean water regulation on profitability: Testing the porter hypothesis [J]. Land Economics, 2010, 86 (2): 329 –344.

[411] Ren, S. G., Li, X. L., Yuan, B. L., Li, D. Y. & Chen, X. H. The effects of three types of environmental regulation on eco-efficiency: A cross-region analysis in China [J]. Journal of Cleaner Production, 2018, 173: 245 –255.

[412] Rexhäuser, S. & Rammer, C. Environmental innovations and firm profitability: Unmasking the porter hypothesis [J]. Environmental and Resource Economics, 2014, 57 (1): 145 –167.

[413] Rodrik, D. What's so special about China's exports? [J]. China & World Economy, 2006, 14 (5): 1 –19.

[414] Rosenbaum, P. R. & Rubin, D. B. Constructing a control group using multivariate matched sampling methods that incorporate the propensity score [J]. American Statistician, 1985, 39 (1): 33 –38.

[415] Rothwell, R. & Zegveld, W. Reindustrialization and technology [M]. London: Longman Group Limited, 1985.

[416] Sahlins, M. D. Stone age economics [M]. Transaction Publishers, 1974.

[417] Sanyal, P. The effect of deregulation on environmental research by electric utilities [J]. Journal of Regulatory Economics, 2007, 31 (3): 335 –353.

[418] Sharma, S. & Vredenburg, H. Proactive corporate environmental strategy and the development of competitively valuable organizational capabilities [J]. Strategic Management Journal, 1998, 19 (8): 729 –753.

[419] Simpson, D. & Bradford, R. L. Taxing variable cost: Environmental regulation as industrial policy [J]. Journal of Environmental Economics and Management, 1996, 30 (3): 282 –300.

[420] Stavins, R. N. Experience with market-based environmental policy instruments [J]. Handbook of Environmental Economics, 2003, 1: 355 –435.

[421] Stephens, J. K. & Denison, E. F. Accounting for slower economic growth: The united states in the 1970's [J]. Southern Economic Journal, 1981, 47 (4): 1191 –1993.

[422] Tanaka, S. Environmental regulations on air pollution in China and their impact on infant mortality [J]. Journal of Health Economics, 2015, 42: 90 –103.

[423] Varsakelis, N. C. The impact of patent protection, economy openness and national culture on R&D investment: A cross-country empirical investigation [J]. Research Policy, 2001, 30 (7): 1059 –1068.

[424] Wang, H. & Di, W. The determinants of government environmental performance: An empirical analysis of chinese townships [J]. Policy Research Working Paper Series, 2002.

[425] Wang, H. & Jin, Y. Industrial ownership and environmental performance: Evidence from china [J]. Environmental and Resources Economics, 2007, 36 (3): 255 –273.

[426] Wang, H. & Wheeler, D. Endogenous enforcement and effectiveness of China's pollution levy system [J]. Policy Research Working Paper, 2000.

[427] Wang, H. Pollution regulation and abatement efforts: Evidence from China [J]. Ecological Economics, 2002, 41 (1): 85 –94.

[428] Wang, H. , Mamingi, N. , Laplante, B. & Dasgupta, S. Incomplete enforcement of pollution regulation: Bargaining power of Chinese factories [J]. Environmental and Resource Economics, 2003, 24 (3): 245 –262.

[429] Wang, H. & Wheeler, D. Financial incentives and endogenous enforcement in China's pollution levy system [J]. Journal of Environmental Economics and Management, 2005, 49 (1): 174 –196.

[430] Wang, X. & Zou, H. Study on the effect of wind power industry policy types on the innovation performance of different ownership enterprises: evi-

dence from China ［J］. Energy Policy, 2018, 122: 241 –252.

［431］ Xepapadeas, A. & Zeeuw, A. D. Environmental policy and competi-tiveness: The porter hypothesis and the composition of capital ［J］. Journal of Environmental Economics Management, 1999, 37 (2): 165 –182.

［432］ Xie, X. M. , Huo, J. G. & Zou, H. L. Green process innovation, green product innovation, and corporate financial performance: A content analy-sis method ［J］ Journal of Business Research, 2019, 101: 697 –706.

［433］ Xu, C. The Fundamental Institutions of China's Reforms and Devel-opment ［J］. Journal of Economic Literature, 2011, 49 (4): 1076 –1151.

［434］ Yang, C. H. , Tseng, Y. H. & Chen, C. P. Environmental regula-tions, induced R&D, and productivity: Evidence from taiwan's manufacturing industries ［J］. Resource and Energy Economics, 2012, 34 (4): 514 –532.

［435］ Yasar, M. , Raciborski, R. & Poi, B. , Production function estima-tion in stata using the olley and pakes method ［J］. Stata Journal, 2008, 8 (2): 221 –231.

［436］ Zhang, D. , Rong, Z. & Ji, Q. Green innovation and firm perform-ance: Evidence from listed companies in China ［J］. Resources, Conservation and Recycling, 2019, 144: 48 –55.

［437］ Zheng, S. , Sun, C. , Qi, Y. & Kahn, M. E. The evolving geography of china's Industrial production: Implications for pollution dynamics and urban quality of life ［J］. Journal of Economic Surveys, 2014, 28 (4): 709 –724.

［438］ Zucker, L. G. & Darby, M. R. Virtuous circles in science and com-merce ［J］. Papers in Regional Science, 2007, 86 (3): 445 –470.

后　记

　　本书实质上也是我个人研究历程的回顾与总结。作为一个致力于研究中国环境规制问题的年轻学者，自关注环境规制问题以来，我越发意识到中国式环境规制有它的特殊性。现行经济社会体制下的规制行为本质上也是各种外部激励下的结果。虽然我们研究的是环境规制对企业发展的影响，但我们相信一些研究结论也适用于解释产业政策相关问题。希望本书能在丰富环境规制领域研究文献的同时，也为中国规制政策的制定与实施提供一些有益参考。

　　值得一提的是，本书的完成还得到了国家自然科学基金青年项目"中国环境规制政策的'波特效应'触发机制与实现路径研究"（71803176）、国家自然科学基金面上项目"地区环境目标约束的就业效应研究：内在机制、边界条件与政策建议"（72173118）的资助。同时还得到了浙江省哲学社会科学规划之江青年课题（22ZJQN26YB）、浙江省省属高校基本科研业务费专项资金（XR202107）以及浙江工商大学经济学院应用经济学高校人文社科重点研究基地的资助。本书从酝酿到成稿历经 5 年多时间，从早期的提纲设计、数据收集到初稿完成、修订校对，都经过了多轮的反复讨论与改进。上海财经大学的尹俊雅，浙江工商大学的朱琳、郭冠宇、闫卓毓、沈盈盈、陈俊屹、叶晴等全程参与了本书的校对等工作，在此一并表示感谢！

　　经济科学出版社对于本书的出版给予了极大帮助，对责任编辑及其他参与此书编辑工作的各位老师为本书出版而付出的辛勤劳动表示由衷的感谢。在本书的写作过程中，汲取和引用了许多专家学者的研究成果，在此对这些专家学者表示诚挚的谢意。由于水平有限，书中难免存在一些不足之处，恳请学界同仁和读者批评指正。

王　海

2022 年 3 月于杭州钱塘